BIM 技术应用新形态一体化教材

BIM 建 模 应 用

主　编　刘　霞　冯均州　沈瑜兰
副主编　杨　菲　田　兴　施文杰
参　编　赵仕钗　史　颖　朱洪黎
主　审　俞海方

机械工业出版社

本书以 Revit 2018 为操作平台，分为 3 个工作领域，具体内容包括：BIM 模型前期准备、BIM 建筑模型设计、BIM 结构模型设计、BIM 设备模型设计、BIM 建筑模型后期处理 5 个工作任务，主要培养新建项目、标高、轴网、创建砌体墙、门、窗、门窗族、幕墙、屋顶、楼梯、坡道、散水、台阶等建筑构件，创建结构柱、梁、板、基础、体量模型等结构构件，创建风管、给水排水、电气、其他设备系统模型，能完成设备施工图输出，能进行模型浏览、图片渲染、漫游动画、材料统计，能完成建筑施工图输出等职业能力。

本书可作为职业院校工程造价、建筑工程管理等专业教学用书，还可作为职业院校"全国 BIM 技能等级考试"及"1+X"建筑信息模型（BIM）职业技能等级证书考试人员、建筑信息模型技术员，以及建筑业各类技能型、应用型从业人员的培训教材或参考用书。

为方便教学，本书配有电子课件、图纸（××人民法庭办公楼项目图纸，与书中配套）和 Revit 模型文件等资源，凡使用本书作为教材的教师均可登录机械工业出版社教育服务网 www.cmpedu.com 注册下载。机械工业出版社职教建筑群（教师交流 QQ 群）：221010660。咨询电话：010-88379934。

图书在版编目（CIP）数据

BIM 建模应用/刘霞，冯均州，沈瑜兰主编. —北京：机械工业出版社，2022.10（2025.1 重印）
BIM 技术应用新形态一体化教材
ISBN 978-7-111-71539-9

Ⅰ.①B… Ⅱ.①刘… ②冯… ③沈… Ⅲ.①建筑设计-计算机辅助设计-应用软件-高等职业教育-教材 Ⅳ.①TU201.4

中国版本图书馆 CIP 数据核字（2022）第 163807 号

机械工业出版社（北京市百万庄大街 22 号　邮政编码 100037）
策划编辑：沈百琦　　　责任编辑：沈百琦　陈紫青
责任校对：张晓蓉　张　薇　封面设计：马精明
责任印制：单爱军
北京虎彩文化传播有限公司印刷
2025 年 1 月第 1 版第 3 次印刷
184mm×260mm・13.25 印张・323 千字
标准书号：ISBN 978-7-111-71539-9
定价：55.00 元

电话服务　　　　　　　　　　网络服务
客服电话：010-88361066　　　机　工　官　网：www.cmpbook.com
　　　　　010-88379833　　　机　工　官　博：weibo.com/cmp1952
　　　　　010-68326294　　　金　书　网：www.golden-book.com
封底无防伪标均为盗版　　　　机工教育服务网：www.cmpedu.com

前言

为贯彻《中共中央 国务院关于进一步加强人才工作的决定》精神，落实《高技能人才队伍建设中长期规划（2010—2020年）》，充分发挥各类社会团体在高技能人才培养中的作用，人力资源和社会保障部教育培训中心与中国图学学会联合开展建筑信息模型（BIM）职业培训项目，2012年起，开展"全国BIM技能等级考试"考评工作，以加快高技能人才队伍建设，进一步推广建筑信息模型（BIM）技术在设计、建筑、信息等多领域的运用。经过近十年的实践，全国BIM技能等级考试证书得到了企业的充分认可。

2019年4月，教育部、国家发展改革委、财政部、市场监管总局联合印发了《关于在院校实施"学历证书+若干职业技能等级证书"制度试点方案》，部署启动"学历证书+若干职业技能等级证书"（简称1+X证书）制度试点工作，首批确定了包括建筑信息模型（BIM）在内的6个职业技能等级证书试点。自此，全国建筑大类的院校都积极投身于"1+X"建筑信息模型（BIM）职业技能等级证书的人才培养工作中。

2019年4月，人力资源和社会保障部办公厅、市场监管总局办公厅、统计局办公室发布〔2019〕48号通知，根据《中华人民共和国劳动法》有关规定，为贯彻落实《国务院关于推行终身职业技能培训制度的意见》提出的"紧跟新技术、新职业发展变化，建立职业分类动态调整机制，加快职业标准开发工作"要求，加快构建与国际接轨、符合我国国情的现代职业分类体系，面向社会公开征集新职业信息。经专家论证、社会公示等，确定了包括建筑信息模型技术员在内的13个新职业信息。

建筑信息模型技术员的职业定义为利用计算机软件进行工程实践过程中的模拟建造，以改进其全过程中工程工序的技术人员。其主要工作为：负责项目中建筑、结构、暖通、给水排水、电气专业等建筑信息模型的搭建、复核、维护管理等工作；协同其他专业建模，并做碰撞检查；通过室内外渲染、虚拟漫游、建筑动画、虚拟施工周期等，进行建筑信息模型可视化设计；施工管理及后期运维。

2021年12月，人力资源和社会保障部办公厅发布〔2021〕92号通知，发布了包含《建筑信息模型技术员国家职业技能标准》（以下简称《标准》）在内的18个国家职业技能标准。《标准》以"职业活动为导向、职业技能为核心"为指导思想，对建筑信息模型技术员的职业活动内容进行规范细致的描述，并将本职业分为五级，且对各等级从业者的技能水平和理论知识水平进行了明确规定。

本书编写团队特邀请企业专家和教育专家与一线教师共同探讨相关岗位职业能力以及开发模式，本着"立德树人、德育兼修"职业教育理念编写本书，编写特色如下：

1. 结合1+X，以职业能力为导向

本书将"全国 BIM 技能等级考试证书"中一级 BIM 建模师的考核内容、"'1+X'建筑信息模型（BIM）职业技能等级证书"中初级和中级的考核内容、《建筑信息模型技术员国家职业技能标准》中对初级工和中级工的技能要求进行三方结合，应用工程实例图纸，涵盖建筑、结构、暖通、给水排水、电气等专业，按照工作任务进行内容安排，以职业能力为导向进行教材编写，每个职业能力由**核心概念→学习目标→基础知识→能力训练（穿插"问题情境"，设置"学习结果评价"）→课后作业→德育链接** 6 个部分组成，以表格形式清晰描述软件建筑信息模型搭建的操作过程，以两个证书的考题综合设计课后习题。

2. 选用典型工程案例进行讲解，适用性更强

本书依托一个典型公共建筑——××人民法庭办公楼进行讲述，所选的工程案例是建筑企业、建筑类职业院校、设计单位共同选定的普遍性更强的建筑实例，以体现实际建设工程设计工作的典型应用。

3. 落实"立德树人"根本任务

本书明确了"立德树人，德育为先"的培养原则，将德育贯穿于教育教学全过程，深入挖掘职业能力中的职业素养，培养学生的社会主义核心价值观以及民族自豪感与文化自信，创新、精益、专注、敬业的工匠精神，踏实严谨、吃苦耐劳、追求卓越、保护生态的优秀品质。

4. 立体开发，符合"互联网+职业教育"教学需要

本书配套完整的软件操作微课视频，读者可直接扫描书中二维码进行观看学习，方便、快捷。同时，本书还配套与内容对应的电子课件、Revit 模型和项目图纸素材，方便读者和教师学习、授课使用。

本书由苏州建设交通高等职业技术学校刘霞、冯均州、沈瑜兰担任主编；由苏州建设交通高等职业技术学校杨菲、田兴，中亿丰数字科技有限公司施文杰担任副主编；苏州建设交通高等职业技术学校赵仕钗、史颖、朱洪黎参与编写。全书由刘霞统稿，由苏州建设交通高等职业技术学校俞海方主审。

本书的编者为教学、科研一线的教师和企业专家，编者结合多年教学与 BIM 软件应用的实践经验，注重培养学生运用所学知识解决实际问题的能力。

由于编者水平有限，书中难免存在纰漏之处，恳请广大读者批评指正。

编　者

本书二维码清单

序号	名称	图形	序号	名称	图形
1	职业能力 B-1-1:能正确创建砌体墙		9	职业能力 B-2-1:能正确创建结构柱	
2	职业能力 B-1-2:能正确创建门		10	职业能力 B-2-2:能正确创建梁	
3	职业能力 B-1-3:能正确创建窗		11	职业能力 B-2-3:能正确创建板	
4	职业能力 B-1-4:能正确创建门、窗族		12	职业能力 B-2-4:能正确创建基础	
5	职业能力 B-1-5:能正确创建幕墙		13	职业能力 B-2-5:能正确创建体量模型	
6	职业能力 B-1-6:能正确创建屋顶		14	职业能力 B-3-1:能正确创建风管系统模型	
7	职业能力 B-1-7:能正确创建楼梯		15	职业能力 B-3-2:能正确创建给排水系统模型	
8	职业能力 B-1-8:能正确创建坡道、散水、台阶		16	职业能力 B-3-3:能正确创建电气系统模型	

（续）

序号	名称	图形	序号	名称	图形
17	职业能力 B-3-4：能正确创建其他设备构件		21	职业能力 C-1-3：能正确实现漫游动画	
18	职业能力 B-3-5：能正确完成设备施工图输出		22	职业能力 C-1-4：能正确进行材料统计	
19	职业能力 C-1-1：能正确进行模型浏览		23	职业能力 C-1-5：能正确完成施工图输出	
20	职业能力 C-1-2：能正确进行图片渲染				
	本书微课视频总览				

目 录

前言
本书二维码清单

工作领域 A　BIM 模型的前期准备 ········· 1

工作任务 A-1　BIM 模型前期准备 ········· 1
职业能力 A-1-1　能正确新建项目 ········· 1
职业能力 A-1-2　能正确新建标高 ········· 4
职业能力 A-1-3　能正确新建轴网 ········· 9

工作领域 B　BIM 模型设计 ········· 15

工作任务 B-1　BIM 建筑模型设计 ········· 15
职业能力 B-1-1　能正确创建砌体墙 ········· 15
职业能力 B-1-2　能正确创建门 ········· 22
职业能力 B-1-3　能正确创建窗 ········· 28
职业能力 B-1-4　能正确创建门、窗族 ········· 34
职业能力 B-1-5　能正确创建幕墙 ········· 43
职业能力 B-1-6　能正确创建屋顶 ········· 49
职业能力 B-1-7　能正确创建楼梯 ········· 57
职业能力 B-1-8　能正确创建坡道、散水、台阶 ········· 64

工作任务 B-2　BIM 结构模型设计 ········· 77
职业能力 B-2-1　能正确创建结构柱 ········· 77
职业能力 B-2-2　能正确创建梁 ········· 82
职业能力 B-2-3　能正确创建板 ········· 86
职业能力 B-2-4　能正确创建基础 ········· 92
职业能力 B-2-5　能正确创建体量模型 ········· 97

工作任务 B-3　BIM 设备模型设计 ········· 102
职业能力 B-3-1　能正确创建风管系统模型 ········· 102
职业能力 B-3-2　能正确创建给水排水系统模型 ········· 112
职业能力 B-3-3　能正确创建电气系统模型 ········· 129
职业能力 B-3-4　能正确创建其他设备构件 ········· 142

  职业能力 B-3-5 能正确完成设备施工图输出 …………………………………… 152

工作领域 C BIM 的后期处理 ………………………………………………… 159

工作任务 C-1 BIM 建筑模型后期处理 ……………………………………… 159
  职业能力 C-1-1 能正确进行模型浏览 …………………………………………… 159
  职业能力 C-1-2 能正确进行图片渲染 …………………………………………… 166
  职业能力 C-1-3 能正确实现漫游动画 …………………………………………… 172
  职业能力 C-1-4 能正确进行材料统计 …………………………………………… 182
  职业能力 C-1-5 能正确完成建筑施工图输出 …………………………………… 191

参考文献 ……………………………………………………………………………… 201

工作领域 A　BIM模型的前期准备

工作任务 A-1　BIM 模型前期准备

职业能力 A-1-1　能正确新建项目

一、核心概念

建设项目：指具有一个设计任务书和总体设计，经济上实行独立核算，管理上具有独立组织形式的工程建设项目。一个建设项目往往由一个或几个单项工程组成，如一个工厂、一个住宅小区、一所学校等。

二、学习目标

1. 能正确打开 Revit 软件。
2. 能创建 Revit 项目文件。
3. 能根据专业选择合适的项目样板文件。
4. 能正确添加所需的项目样板文件。

三、基本知识

（一）项目样板

项目样板是一个项目的基本原始设置，包括视图样板、已载入的族、已定义的设置（如单位、填充样式、线样式、线宽、视图比例等）、几何图形和常用构件等，格式为".rte"。

（二）新建项目的主要命令

1. 通过"新建"命令，可新建项目。
2. 通过"浏览"命令，可选择项目样板。

四、能力训练

（一）操作条件

Revit 软件。

（二）操作界面（图 A-1-1）

（三）操作过程（表 A-1-1）

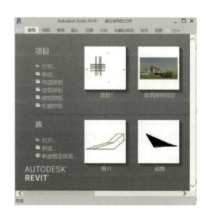

图 A-1-1　软件新建界面图

表 A-1-1　新建项目的操作过程

序号	步骤	操作方法及说明	
1	打开 Revit 2018	（1）方法一：双击电脑桌面上的 Revit 2018 图标，如图 A-1-2 所示。 （2）方法二：单击电脑左下角"开始"按钮，选择 Revit 2018，如图 A-1-3 所示。	图 A-1-2　Revit 2018 图标 图 A-1-3　"开始"—"Revit 2018"
2	新建项目	单击"新建"命令，如图 A-1-4 所示。	图 A-1-4　"新建"命令
3	选择样板文件	（1）若想获得通用的项目设置，选择"构造样板"，单击"确定"。 （2）若想获得建筑专业的项目设置，选择"建筑样板"，单击"确定"。 （3）若想获得结构专业的项目设置，选择"结构样板"，单击"确定"。 （4）若想获得水、电、暖全机电专业的项目设置，选择"机械样板"，单击"确定"，如图 A-1-5 所示。	图 A-1-5　选择样板

(续)

序号	步骤	操作方法及说明
4	添加样板文件	说明：Revit 软件中自带的样板文件，一般为美国图纸标准，若直接使用此样板，需要在绘图时更改较多属性设置，因此建议添加国内的样板文件。 （1）单击"浏览"按钮，在弹出的"选择样板"对话框中选择"项目样板"文件，如图 A-1-6 所示。 （2）在"样板文件"中出现"项目样板 .rte"，单击"确定"，如图 A-1-7 所示。 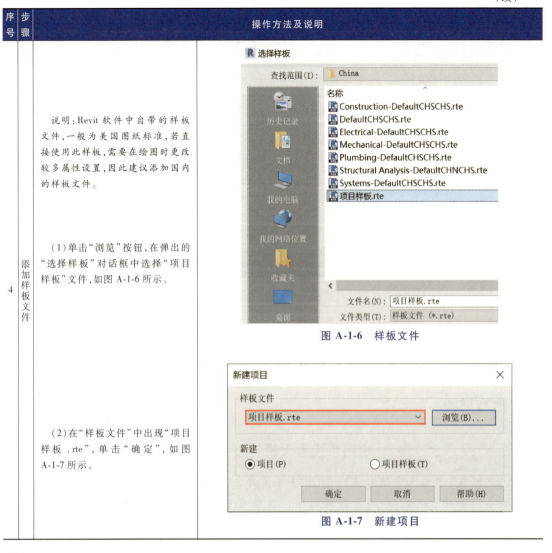 图 A-1-6　样板文件 图 A-1-7　新建项目

 问题情境

在选择样板文件时，若发现缺失构造样板、建筑样板、结构样板、机械样板，则应如何操作？

操作方法： 在 Revit 2018 安装包中，找到样板文件夹中的"China"文件夹，用此文件夹替换掉 Revit 2018 安装目录下的"China"文件夹即可。"China"文件夹默认路径如图 A-1-8 所示。

图 A-1-8　"China"文件夹默认路径

（四）学习结果评价（表 A-1-2）

表 A-1-2　新建项目学习结果评价表

序号	评价内容	评价标准	评价结果 (是 / 否)
1	打开 Revit 2018	能通过两种方法打开 Revit 2018	□是　□否
2	新建项目	能新建项目	□是　□否
3	选择样板文件	能按照专业选择合适的样板文件	□是　□否
4	添加样板文件	能添加所需的样板文件	□是　□否

五、课后作业（表 A-1-3）

表 A-1-3　课后作业

作业序号	作业内容
作业一	打开并新建 Revit 2018 项目
作业二	查找并添加"项目样板"文件
作业三	了解"构造样板""建筑样板""结构样板""机械样板"

德育链接

中国当代十大建筑——中国尊

"中国尊"（北京中信大厦）于 2013 年 7 月 29 日正式开工建设，总投资 240 亿元。"中国尊"高度 528m，作为首都新地标，该项目创造了 8 项世界之最和 15 项国内纪录。在"中国尊"项目建设全过程中，BIM 应用的深度、广度和系统性达到国际领先水平。

德育提示：我们要顺应技术变革的潮流，敢于尝试，勇于创新。

职业能力 A-1-2　能正确新建标高

一、核心概念

标高：表示建筑物各部分的高度，是建筑物某一部位相对于基准面（标高的零点）的竖向高度，是竖向定位的依据。

二、学习目标

1. 能正确识读建筑施工图、结构施工图上与标高有关的信息。
2. 能新建标高，并正确输入其属性信息。
3. 能正确创建立面视图。

三、基本知识

（一）图纸信息

1. 首层高度信息：4.8m。

2. 二层高度信息：4.5m。

3. 基础层高度信息：-2.4m。

（二）新建标高的主要命令

1. 通过"复制"命令，可快速创建标高。

2. 通过"平面视图"命令，可创建标高对应的平面视图。

四、能力训练

（一）操作条件

××人民法庭办公楼的建筑施工图（简称建施）08、09，结构施工图（简称结施）05；Revit 软件。

（二）操作效果（图 A-1-9）

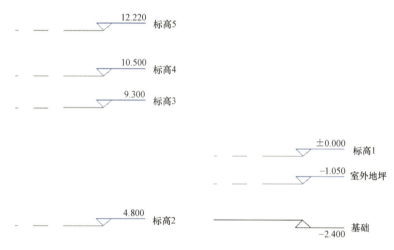

图 A-1-9　标高效果图

（三）操作过程（表 A-1-4）

表 A-1-4　新建标高的操作过程

序号	步骤	操作方法及说明
1	打开立面视图	在"项目浏览器"中点击"立面（建筑立面）"前的"+"号，双击"南"，打开南立面视图，如图 A-1-10 所示。 图 A-1-10　打开立面视图

(续)

序号	步骤	操作方法及说明
2	修改标高	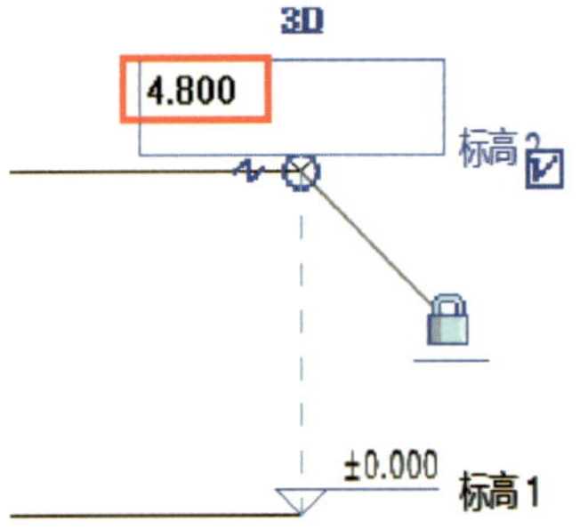 双击"标高2"处数值,将其修改为"4.800",按<Enter>键,如图A-1-11所示。 图 A-1-11　标高修改
3	复制标高	（1）单击"修改|标高"选项卡,在"修改"面板中单击"复制"命令,并将"约束"和"多个"命令前的复选框打钩,如图A-1-12所示。 图 A-1-12　"修改|标高"选项卡 （2）单击标高2处水平线,向上移动,输入"4500",按<Enter>键,如图A-1-13所示。 图 A-1-13　向上复制标高 （3）单击标高1处水平线,向下移动,输入"2400",按<Enter>键,如图A-1-14所示。 图 A-1-14　向下复制标高 （4）双击修改"标高4"名称为"基础",如图A-1-15所示。 图 A-1-15　修改标高名称 （5）用同样的方法将所有标高建立完毕。

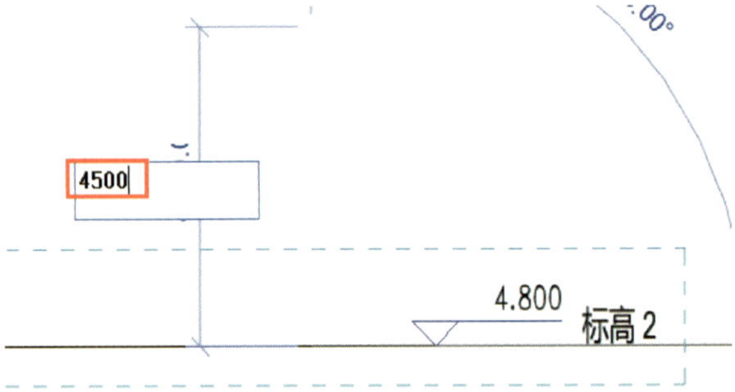

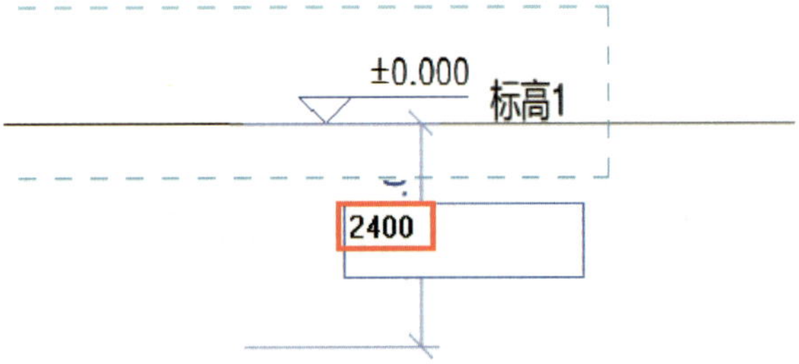

(续)

序号	步骤	操作方法及说明
4	创建平面视图	（1）单击"视图"选项卡，在"创建"面板中单击"平面视图"中的"楼层平面"，如图 A-1-16 所示。 （2）在弹出的"新建楼层平面"窗口中，按<Shift>键并选中所有标高，单击"确定"，如图 A-1-17 所示。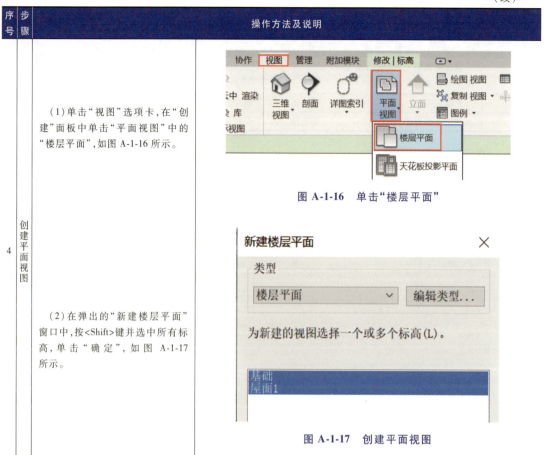 图 A-1-16 单击"楼层平面" 图 A-1-17 创建平面视图

问题情境

在使用"复制"命令创建标高时，若发现标高前有多余的"±"符号，应如何处理？

操作方法：选中标高，在属性栏中单击"标高 正负零标高"的下拉菜单，选择"上标头"，即可去掉"−2.400"前的正负号，如图 A-1-18 所示。

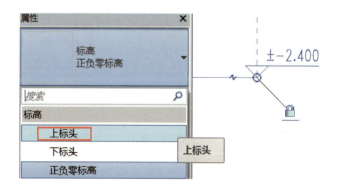

图 A-1-18 修改标高显示格式

(四)学习结果评价(表 A-1-5)

表 A-1-5　新建标高学习结果评价表

序号	评价内容	评价标准	评价结果(是/否)
1	识读建筑施工图、结构施工图上与标高有关的信息	能正确识读首层、二层、基础层标高	□是　□否
2	复制标高	能熟练运用"复制"命令复制标高	□是　□否
3	创建平面视图	能熟练运用"平面视图"命令生成平面视图	□是　□否

五、课后作业

请按照图 A-1-19 所示建立标高,并建立每个标高的楼层平面视图,最终结果以"标高"为文件名保存为样板文件。

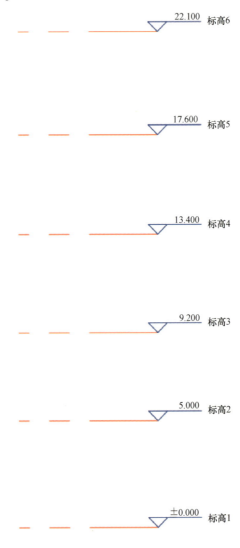

图 A-1-19　标高

> **德育链接**
>
> 当建设工程存在质量问题时的责任承担
>
> 　　关于宁津县文昌路南首西侧的杂技文化学校一、二、三期工程，汶昌公司与舜杰公司于 2011 年 5 月 19 日、2011 年 6 月 18 日、2011 年 7 月 1 日先后签订了三份《建设工程施工合同》。在施工过程中，双方发生纠纷，2019 年 3 月 18 日，汶昌公司因建设工程施工合同纠纷诉至宁津县人民法院。最终鉴定结果是教学楼（含得楼）的底层地坪实测标高均低于设计标高。当标高与设计不符时，若要满足设计要求，第一种做法是对房屋进行顶升，但该种方案施工周期长，造价高；第二种做法是提高现有地坪的高度，但这样做会牺牲一部分底层的净高；第三种做法是不做处理，按现状使用。"按图施工"是工程质量控制的一项重要原则。建筑行业的学生如果不能精确识读施工图，就不能胜任施工现场的施工员、质量员、测量员、监理员等岗位，甚至会产生质量、安全问题，造成经济损失、工期延误及安全隐患。
>
> 　　**德育提示**：在日常工作与学习中，保持优良的专业素养、职业操守和道德品质。

职业能力 A-1-3　能正确新建轴网

一、核心概念

轴网：由定位轴线（建筑结构中的墙或柱的中心线）、标注尺寸（用以标注建筑物定位轴线之间的距离大小）和轴号组成。

二、学习目标

1. 能正确识读建筑、结构施工图上与轴网有关的信息。
2. 能新建轴网，并正确输入其属性信息。
3. 能正确绘制轴网并完成尺寸标注。

三、基本知识

（一）图纸信息

1. 首层轴网 X 方向信息：①轴~⑥轴，45.6m。
2. 首层轴网 Y 方向信息：Ⓐ轴~Ⓓ轴，20.4m。

（二）新建轴网的主要命令

1. 通过"复制"命令，可快速创建轴网。
2. 通过"尺寸标注-对齐"命令，可快速标注轴网。

四、能力训练

（一）操作条件

××人民法庭办公楼的结施 05；Revit 软件。

（二）操作效果（图 A-1-20）

（三）操作过程（表 A-1-6）

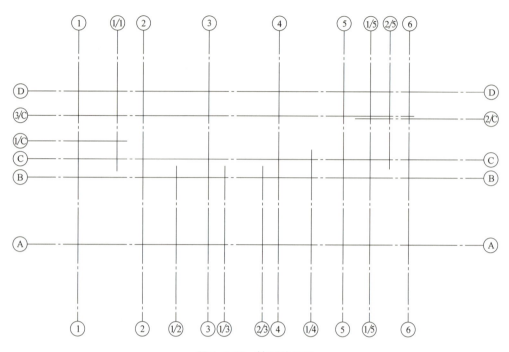

图 A-1-20 轴网效果图

表 A-1-6 新建轴网的操作过程

序号	步骤	操作方法及说明
1	打开首层平面视图	在"项目浏览器"中单击"楼层平面"前的"+"号,双击"首层",打开首层平面视图,如图 A-1-21 所示。 图 A-1-21 选择首层平面
2	打开:修改|放置轴网:选项卡	单击"建筑"选项卡,在"基准"面板中单击"轴网",软件自动切换至"修改|放置轴网"选项卡,如图 A-1-22 所示。 图 A-1-22 "修改|放置 轴网"选项卡

(续)

序号	步骤	操作方法及说明
3	绘制竖向主轴	（1）在任意空白处单击，向垂直方向空白处再次单击，第一条竖向轴线绘制完毕，编号为①，如图A-1-23所示。 图 A-1-23　绘制第一条竖向轴线 （2）选中轴线①，在"修改|放置轴网"选项卡"修改"面板中单击"复制"命令，并勾选"约束"和"多个"命令前的复选框，如图 A-1-24 所示。 图 A-1-24　勾选"约束"和"多个"命令 （3）单击轴线①上任一点，鼠标向右移动，输入"9000"，按<Enter>键；鼠标再次向右移动，输入"9000"，按<Enter>键。以此类推输入"9600，9000，9000"，如图A-1-25 所示。 图 A-1-25　竖向主轴间距输入
4	绘制横向主轴	（1）单击"建筑"选项卡，在"基准"面板中单击"轴网"。在轴线①左下角任意空白处单击，向水平方向空白处再次单击，第一条横向轴线绘制完毕。双击轴号改为"A"，如图 A-1-26 所示。 图 A-1-26　绘制第一条横向轴线 （2）选中轴线Ⓐ，单击"复制"命令，单击轴线Ⓐ上任一点，鼠标向上移动，输入"9000"，按<Enter>键。以此类推输入"2400，9000"，如图 A-1-27 所示。 图 A-1-27　绘制横向主轴

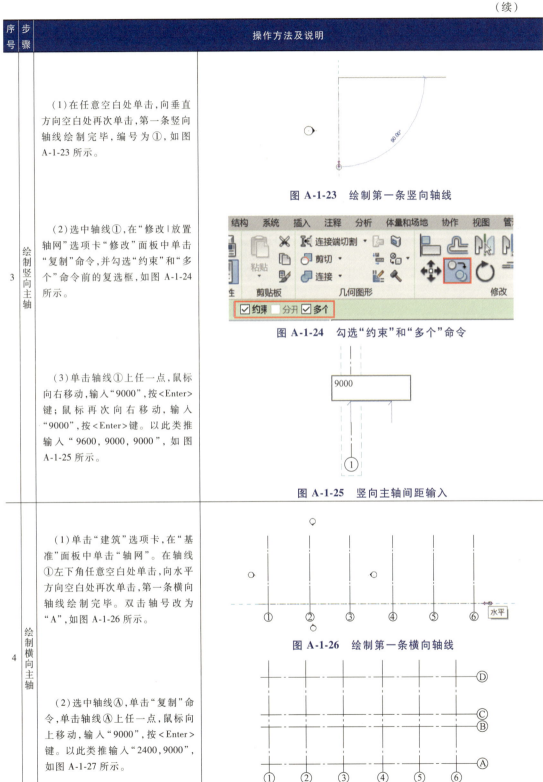

(续)

序号	步骤	操作方法及说明
5	绘制辅轴	（1）选中轴线①，单击"复制"命令，单击轴线①上任一点，向右移动，输入"5400"，按<Enter>键，双击轴号改为1/1。依次完成辅轴1/2、1/3、2/3、1/4、2/5的绘制。 （2）选中轴线ⓒ，用上述方法，完成辅轴1/C、2/C和5/C的绘制。
6	标注尺寸	单击"注释"选项卡，在"尺寸标注"面板中单击"对齐"命令，依次单击轴线进行尺寸标注，如图A-1-28、图 A-1-29 所示。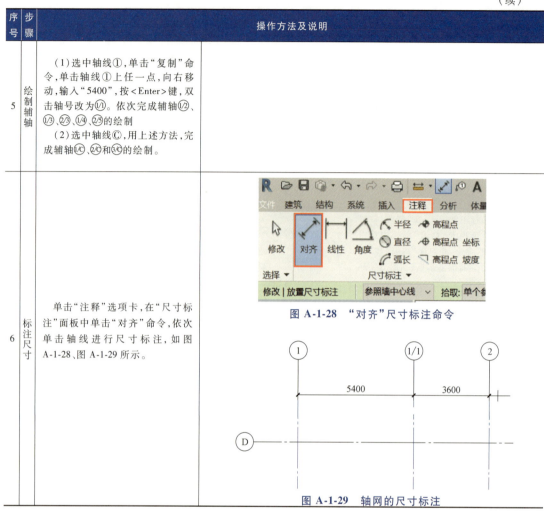 图 A-1-28 "对齐"尺寸标注命令 图 A-1-29 轴网的尺寸标注

 问题情境

轴网建立完毕后，若发现轴号未完整显示，应如何处理？

操作方法：框选所有轴线，在左侧"属性"面板中单击"编辑类型"，在弹出的"类型参数"对话框中，勾选"平面视图轴号端点1"和"平面视图轴号端点2"后的复选框，如图 A-1-30 所示。

图 A-1-30 显示轴号的操作方法

（四）学习结果评价（表 A-1-7）

表 A-1-7 新建轴网学习结果评价表

序号	评价内容	评价标准	评价结果（是/否）
1	识读建筑、结构施工图上与轴网有关的信息	能正确识读首层、二层轴网	□是 □否
2	建立轴网	能熟练运用"复制"命令建立主轴和辅轴	□是 □否
3	尺寸标注	能熟练运用"尺寸标注-对齐"命令进行尺寸标注	□是 □否

五、课后作业

请按照图 A-1-31 所示绘制轴网，每层层高均为 3m，最终结果以"轴网"为文件名保存为样板文件。

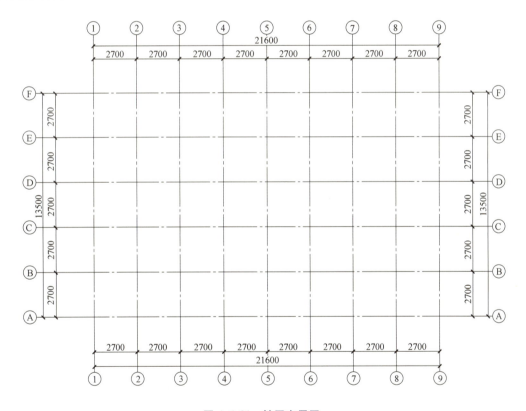

图 A-1-31 轴网布置图

德育链接

建屋者，建家之生计；筑梦者，筑国之辉煌

黄河的某个引水工程，总共有 7 个标段，某公司承接了其中渠首泵站工程。建成后发现其渠底标高比其他标段的渠底标高低了34cm，也就是说水头损失了34cm。这是最为严重的一次测量事故，事故起因是监理提供的起始标高与其他标段不一致，监理认为是他们把测量点弄错了。因为以前的起始点已经被破坏了，所以无证可查，但该公司必须承认有不可推卸的责任。

德育提示：在日常工作与学习中，保持严谨细心、精益求精的品质。

工作领域 B　BIM模型设计

工作任务 B-1　BIM 建筑模型设计

职业能力 B-1-1　能正确创建砌体墙

一、核心概念

1. 砌体墙的基本材料：砌体墙所用材料为块材和粘结材料。块材主要有混凝土小型空心砌块、烧结多孔砖等，粘结材料主要有水泥砂浆、混合砂浆等。

2. 砌体墙的设计表现：砌体墙从内到外依次为结构层、找平层、保温层、面层、防水层。

3. 砌体墙的三维建模：利用 Revit 软件中的"墙：建筑""直线""对齐"命令，实现砌体墙的三维建模。

二、学习目标

1. 能正确识读建筑施工图上与砌体墙有关的信息，如墙高、墙厚、材质、平面位置等。
2. 能新建墙体，并正确创建其属性。
3. 能正确绘制墙体。

三、基本知识

（一）图纸信息

1. 砌体墙高度信息：一层墙高为 4.8m，二层墙高为 4.5m。
2. 砌体墙材质信息：±0.000 以下为混凝土实心砖，±0.000 以上为蒸压砂加气混凝土。
3. 一、二层砌体内外墙的墙厚：200mm。

（二）创建砌体墙的主要命令

1. 通过"墙：建筑"命令，可创建砌体内外墙。
2. 通过"直线"命令，可绘制砌体内外墙。
3. 通过"对齐"命令，可修改砌体内外墙位置。
4. 通过"复制"命令，可绘制其他层砌体内外墙。

（三）砌体墙的绘制流程

砌体墙绘制流程：定义砌体内外墙构件→布置首层砌体外墙→修改位置→布置首层砌体内墙→修改位置→布置二层砌体内外墙。

四、能力训练

（一）操作条件

××人民法庭办公楼的建施04、05、08，结施01；Revit软件。

（二）操作效果（图B-1-1）

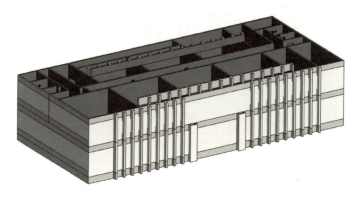

图 B-1-1　墙体效果图

创建砌体墙

（三）操作过程（表B-1-1）

表 B-1-1　创建砌体墙的操作过程

序号	步骤	操作方法及说明
1	建立一层200mm厚砌体外墙构件	（1）在"项目浏览器"中双击"楼层平面"，再双击"标高1"，切换至平面视图，如图B-1-2所示。 图 B-1-2　选择"标高1" （2）单击"建筑"选项卡，在"构建"面板中单击"墙"的下拉菜单，选择"墙:建筑"，如图B-1-3所示。 图 B-1-3　选择"墙:建筑"

(续)

序号	步骤	操作方法及说明	
1	建立一层200mm厚砌体外墙构件	（3）单击"属性"面板中的"编辑类型"。在弹出的"类型属性"窗口中单击"复制"按钮，弹出"名称"窗口。输入"A-外墙200mm"，单击"确定"，如图B-1-4所示。	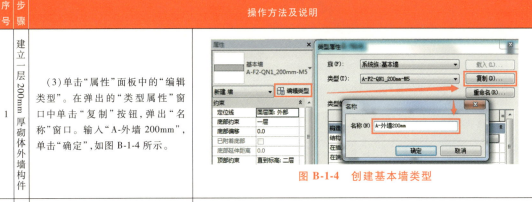 图 B-1-4　创建基本墙类型
2	编辑一层200mm厚砌体外墙属性	（1）单击"类型属性"中的"编辑"按钮，如图B-1-5所示。	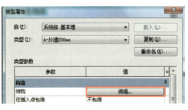 图 B-1-5　单击"编辑"按钮
		（2）在弹出的"编辑部件"窗口中查看"结构［1］"的"厚度"，若为"200"，则不做修改，如图 B-1-6 所示。	 图 B-1-6　查看墙体厚度
		（3）单击"结构［1］"一栏中的"按类别"，弹出"材质浏览器"对话框。在搜索栏中输入"砌块"，按<Enter>键，则可搜索到"混凝土砌块"。单击"确定"退出"材质浏览器"；再次单击"确定"，退出"编辑部件"，如图 B-1-7 所示。	 图 B-1-7　选择材质
		注意：①在赋予材质时，"材质编辑器"中，可以对选定材质的"图形""外观""物理"等进行修改。例如，需要修改混凝土砌块的着色、表面填充图案图例以及截面填充图案，则在"材质编辑器"中选择"图形"选项卡进行修改，如图B-1-8 所示。	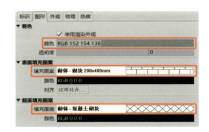 图 B-1-8　材质编辑器

(续)

序号	步骤	操作方法及说明
2	编辑一层200mm厚砌体外墙属性	②"外观"选项卡中的"图像"和"染色"不同于"图形"选项卡的"填充图案"和"着色"。为显示两者区别，在这里将"外观"选项卡中的"染色"设置为黄色，如图B-1-9所示。 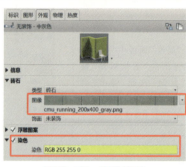 图 B-1-9 外观修改 ③确定后进行墙体绘制，绘制完成后，可切换为三维状态下观察。切换绘图界面下方的"视觉样式"，分别选择"着色"和"真实"两种状态进行观察，如图 B-1-10 所示。  图 B-1-10 视觉样式 (4)修改"功能"为"外部"，单击确定"，退出"类型属性"对话框，如图 B-1-11 所示。  图 B-1-11 修改功能
3	布置砌体外墙	(1)在"修改|放置 墙"选项卡中，选择"绘制"面板的"直线"命令，如图 B-1-12 所示。 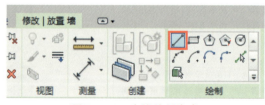 图 B-1-12 直线绘制命令 (2)在选项栏中选择"高度"为"二层"，"定位线"为"墙中心线"，"偏移"为"0.0"，如图 B-1-13 所示。  图 B-1-13 定位

（续）

序号	步骤	操作方法及说明	
3	布置砌体外墙	（3）在"属性"面板中，设置"底部约束"为"一层"，"底部偏移"为"0.0"，"顶部约束"为"直到标高：二层"，"顶部偏移"为"0.0"，如图B-1-14所示。 （4）按照一层建筑平面图，绘制砌体墙，如图B-1-15所示。	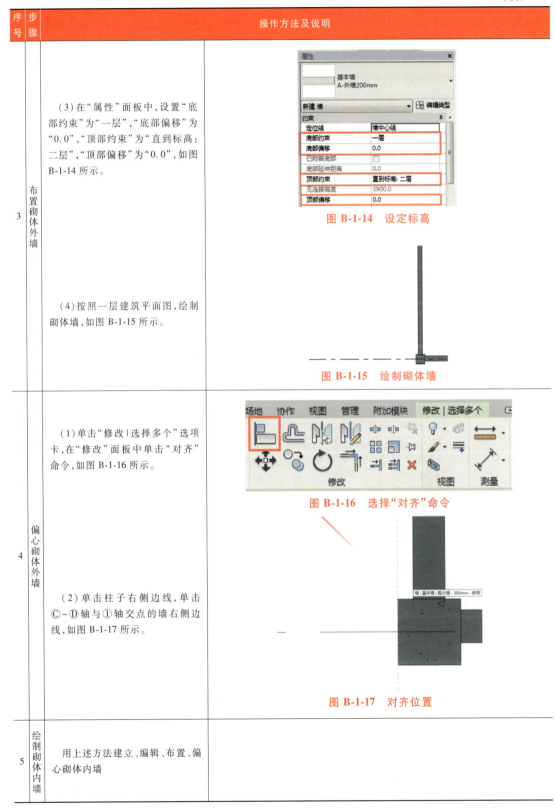 图 B-1-14 设定标高 图 B-1-15 绘制砌体墙
4	偏心砌体外墙	（1）单击"修改|选择多个"选项卡，在"修改"面板中单击"对齐"命令，如图B-1-16所示。 （2）单击柱子右侧边线，单击ⓒ~ⓓ轴与①轴交点的墙右侧边线，如图B-1-17所示。	图 B-1-16 选择"对齐"命令 图 B-1-17 对齐位置
5	绘制砌体内墙	用上述方法建立、编辑、布置、偏心砌体内墙	

问题情境一

在绘制砌体墙之前，若想隐藏除轴网、结构柱以外的构件，应如何操作？

操作方法：从左上角向右下角拖动鼠标左键，选择全部构件，在"修改|选择多个"选项卡中，单击菜单栏中的"过滤器"命令，如图B-1-18所示，在弹出的窗口中将轴网、结构柱的复选框中的"√"去掉，即可隐藏除轴网、结构柱以外的构件。

图 B-1-18 "过滤器"命令

 问题情境二

砌体墙偏心完成后，若发现同一轴网上砌体墙整体偏移，应如何处理？

操作方法：单击鼠标左键选择需要打断的墙体，在"修改｜墙"选项卡中，单击菜单栏中的"打断"命令，如图B-1-19所示，在墙体上单击确定需要打断的位置，即可完成"打断"命令。之后，再进行偏心步骤。

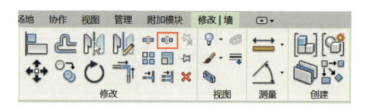

图 B-1-19 "打断"命令

 问题情境三

一层外墙绘制完毕后，若想绘制二层外墙，则如何实现快速建模？

操作方法：从右下角向左上角拖动鼠标左键，选择一层全部外墙。在"修改|选择多个"选项卡中，单击菜单栏中的"复制"图标，切换至二层。如图B-1-20所示，单击菜单栏中的"粘贴"命令，单击将外墙放置在正确位置，即可将一层外墙复制到二层。

图 B-1-20 "复制"和"粘贴"命令

（四）学习结果评价（表 B-1-2）

表 B-1-2　创建砌体墙学习结果评价表

序号	评价内容	评价标准	评价结果（是/否）
1	识读图纸中的墙高、墙厚、材质、平面位置等信息	能正确识读砌体墙高 能正确识读砌体墙厚 能正确识读砌体墙材质 能正确识读砌体墙平面位置	□是　□否 □是　□否 □是　□否 □是　□否
2	掌握"墙:建筑""直线""对齐""复制"等命令	能熟练运用"墙:建筑"命令建立砌体墙 能熟练运用"直线"命令绘制砌体墙 能熟练运用"对齐"命令对齐砌体墙 能熟练运用"复制"命令复制砌体墙	□是　□否 □是　□否 □是　□否 □是　□否
3	修改砌体墙的厚度、材质、高度、位置	能修改砌体墙厚度 能修改砌体墙材质 修改砌体墙高度 修改砌体墙位置	□是　□否 □是　□否 □是　□否 □是　□否

五、课后作业

新建项目文件，按照图 B-1-21 所示。创建墙类型，并将其命名为"姓名-外墙"。然后，以标高 1 到标高 2 为墙高，创建半径为 3000mm（以墙核心层内侧为基准）的圆形墙体。

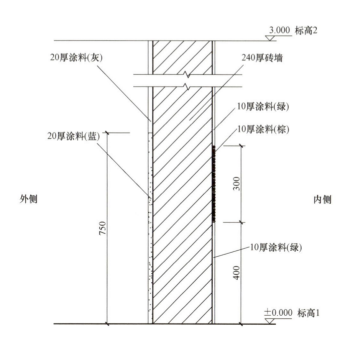

图 B-1-21　墙身局部详图

> **德育链接**
>
> ## 西 安 城 墙
>
> 西安是十三朝古都，曾经是世界的中心。这座古老的城市，在漫长的历史和文化发展的过程中，保存了大量的文物，如城墙。西安的标志性建筑之一就是明长城，永宁门就是西安城墙的"地标"。
>
> 西安城墙，这座经历过 600 多年风雨沧桑，世界上保存最完整的中世纪城垣建筑，以其独特的魅力向世人绽放着它的恢宏、壮丽和博大，向世界展示着古都的深邃、智慧和兼容并蓄。
>
> 德育提示：坚定文化自信，增加自身的国家荣誉感。

职业能力 B-1-2　能正确创建门

一、核心概念

1. 门的基本知识：门在建筑中主要为交通服务，所用材料多为木材、金属，需要满足疏散和交通的要求，同时也能够兼具通风和采光的要求。门的底高度代表离地高度，门的开启方向根据图纸确定。

2. 门的类型：根据开启方式可分为平开门、推拉门、折叠门、旋转门、弹簧门、升降门、子母门等；根据材料可分为木门、金属门、全玻门等。

3. 门的三维建模：利用 Revit 软件中的"门""载入族""在放置时进行标记"等命令，实现门的三维建模。

二、学习目标

1. 能正确识读建筑施工图上与门有关的信息，如门标识、门高、门宽、材质、平面位置、开启方向等。

2. 能新建门，并正确输入其属性。

3. 能运用 Revit 软件正确修改门的标高、高度、宽度、位置、标识。

三、基本知识

（一）图纸信息

1. 门尺寸信息：门窗表。
2. 门材质信息：门窗表。

（二）创建门的主要命令

1. 通过"门"命令，可创建门构件。
2. 通过"编辑类型"命令，可修改门属性。
3. 通过"在放置时进行标记"命令，可标记门的类型。
4. 通过"空格键"，可修改门的开启方向。

（三）门的绘制流程

门的绘制流程：定义门构件→布置门构件→修改位置。

四、能力训练

（一）操作条件

××人民法庭办公楼的建施02、04~06、08、09；Revit软件。

（二）操作效果（图B-1-22）

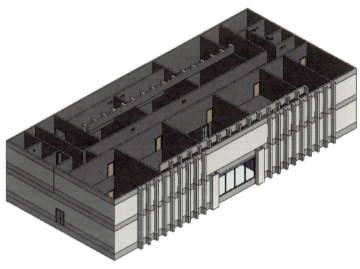

创建门

图 B-1-22　门效果图

（三）操作过程（表B-1-3）

表 B-1-3　创建门的操作过程

序号	步骤	操作方法及说明
1	建立门构件	（1）单击"建筑"选项卡，在"构建"面板中单击"门"，如图B-1-23所示。 在绘制门构件之前，需要注意的是：门是依附在墙体上的构件，需要在绘制墙体之后放置。 （2）单击"属性"面板中的"编辑类型"，在弹出的"类型属性"窗口中单击"载入"命令，弹出族库，如图B-1-24所示。 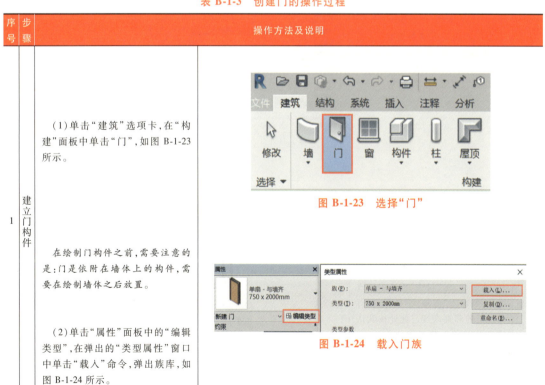 图 B-1-23　选择"门" 图 B-1-24　载入门族

(续)

序号	步骤	操作方法及说明
1	建立门构件	（3）在族库中选择"建筑"→"门"→"普通门"，再根据需要创建的门的开启方式选择门的类型。以 M1524 为例，根据图纸信息可知，M1524 为普通门，假设其为双扇平开玻璃门，在族库中选择与之最接近的族"双面嵌板玻璃门.rfa"后，单击"打开"命令，如图 B-1-25 所示。  图 B-1-25　选择门族 （4）载入族之后，在"类型属性"中修改门的属性，如材质、尺寸等。需要注意的是：在"类型参数"的"标识数据"中，要将"类型标记"改为门的名称，如此处改为"M1524"，如图 B-1-26 所示。  图 B-1-26　门类型编辑
2	布置一扇门构件	（1）在完成门构件的"类型属性"编辑后，在"属性"面板中修改参数，如输入"底高度"数据，则可修改门的离地高度。此处按默认设置，如图 B-1-27 所示。 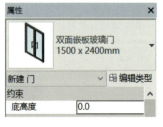 图 B-1-27　门属性

（续）

序号	步骤	操作方法及说明	
2	布置一扇门构件	（2）通过识读图纸确定门的具体位置，在"修改|放置门"选项卡中选择"在放置时进行标记"，在选项栏中选择标记为"水平"或者"垂直"布置，单击墙体布置门构件，如图 B-1-28 所示。 （3）在墙体上选择已经布置完毕的门构件，单击其距离墙边的数据，修改其距离墙边的尺寸，可精确布置门构件，如图 B-1-29 所示。 （4）在墙体上选择已经布置完毕的门构件，按空格键或单击图 B-1-30 所示的双箭头，可修改门的开启方向和门轴位置。	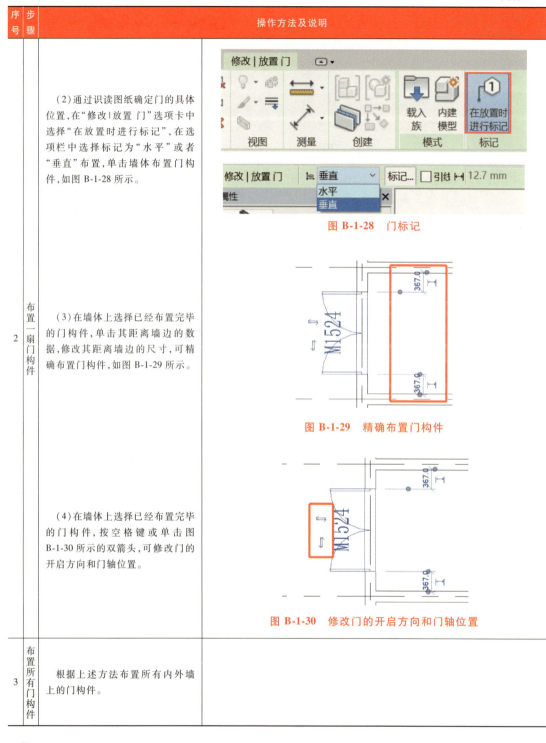 图 B-1-28　门标记 图 B-1-29　精确布置门构件 图 B-1-30　修改门的开启方向和门轴位置
3	布置所有门构件	根据上述方法布置所有内外墙上的门构件。	

问题情境

在绘制时若没有选择"在放置时进行标记"，则应如何再对门进行标注？

操作方法：首先，单击"注释"选项卡，在"标记"面板中单击"按类别标记"，如图 B-1-31 所示。

图 B-1-31　按类别标记

其次，根据门的位置选择"水平"或者"垂直"；如果需要引线可以对其进行勾选，如果不需要可以不勾选，如图 B-1-32 所示。

图 B-1-32　选择标记样式

最后，单击需要标注的门即可，如图 B-1-33 所示。

图 B-1-33　进行门标记

（四）学习结果评价（表 B-1-4）

表 B-1-4　创建门学习结果评价表

序号	评价内容	评价标准	评价结果（是/否）
1	识读图纸中门高、门宽、门材质、平面位置等信息	能正确识读门高 能正确识读门宽 能正确识读门材质 能正确识读门平面位置	□是　□否 □是　□否 □是　□否 □是　□否
2	掌握门族的载入	能熟练载入不同的门族类型	□是　□否
3	修改门属性参数	能修改门高度、宽度 能修改门材质 能修改类型标记	□是　□否 □是　□否 □是　□否
4	修改门开启方向	能修改门开启方向	□是　□否

五、课后作业

新建项目文件，按照图 B-1-34 绘制出平面图，墙高均为 3m，M0820 的尺寸为 800mm×2000mm，M0818 的尺寸为 800mm×1800mm。

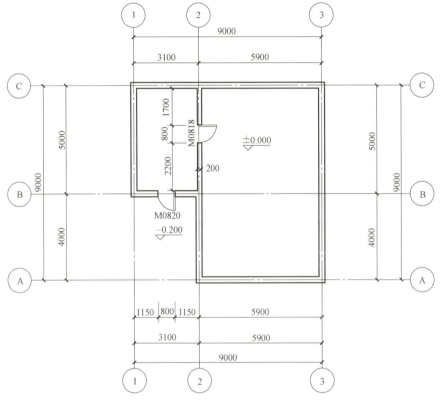

图 B-1-34　平面图

德育链接

打造智能门系统，踏上智慧时代列车

经纬股份研发楼（新能源汽车电池电机电控产品产业化项目）坐落于北京亦庄开发区，是经纬纺织机械股份有限公司在亦庄开发区的重点工程，工程计容建筑面积约 31448m^2。大厦内采用达实门禁系统管控各道出入口的进出，在大堂使用人脸识别道闸系统。达实 AI 人脸识别通道可与梯控系统、访客系统联动，支持人脸自动派梯、人脸访客通道权限智能识别，系统支持口罩识别与测温功能，全面实现经纬股份研发楼内闸机通道处无人值守的无感体验。同时，该研发楼还安装了达实高清车牌识别终端及道闸一体机来实现停车场出入口的管控，采用先进的纯车牌识别管理系统，高满车牌识别一体机识别率 99.8%，可有效防止车牌套用，识别速度快，实现车辆不停车出、入场，针对车牌破损或无牌车，系统实现灵活管理，实现无人值守，降低管理成本。

德育提示：提升自身的创新意识。

职业能力 B-1-3　能正确创建窗

一、核心概念

1. 窗的基本知识：窗在建筑中的主要作用为通风和采光，也可兼保温、隔热、隔声功能，所用材料多为玻璃、金属，窗的窗台高度代表离地高度。

2. 窗的类型：根据开启方式可分为平开窗、推拉窗、固定窗、百叶窗、组合窗等；根据材料可分为木窗和金属窗。

3. 窗的三维建模：利用 Revit 软件中的"窗""载入族""在放置时进行标记"等命令，实现窗的三维建模。

二、学习目标

1. 能正确识读建筑施工图上与窗有关的信息，如窗标识、窗高、窗宽、材质、平面位置、离地高度等。

2. 能新建窗，并正确输入其属性信息。

3. 能正确绘制窗。

三、基本知识

（一）图纸信息

1. 窗尺寸信息：门窗表。

2. 窗材质信息：门窗表。

（二）创建窗的主要命令

1. 通过"窗"命令，可创建窗构件。

2. 通过"编辑类型"命令，可修改窗属性。

3. 通过"在放置时进行标记"命令，可标记窗的类型。

4. 通过使用空格键，可修改窗的开启方向。

（三）窗的绘制流程

窗的绘制流程：定义窗构件→布置窗构件→修改窗的位置。

四、能力训练

（一）操作条件

××人民法庭办公楼的建施 02、04~06、08、09；Revit 软件。

（二）操作效果（图 B-1-35）

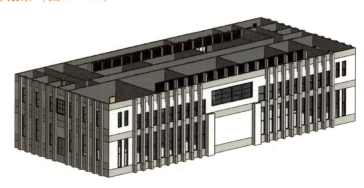

图 B-1-35　窗效果图

（三）操作过程（表 B-1-5）

表 B-1-5　创建窗的操作过程

序号	步骤	操作方法及说明
1	建立窗构件	（1）单击"建筑"选项卡，在"构建"面板中单击"窗"，如图 B-1-36 所示。  图 B-1-36　选择"窗" 在绘制窗构件之前，需要注意的是：窗是依附在墙体上的构件，需要在绘制墙体之后放置。 （2）单击"属性"面板中的"编辑类型"，在弹出的"类型属性"窗口中单击"载入"命令，弹出族库，如图 B-1-37 所示。  图 B-1-37　载入窗族 （3）在族库中选择"建筑"→"窗"→"普通窗"，再根据需要创建的窗的开启方式选择窗的类型。以 C2730 为例，根据建施 02 可知，C2730 为推拉窗＋固定窗，在族库中选择与其最接近的族"组合窗-双层单列(固定+推拉).rfa"后，单击"打开"命令，如图 B-1-38 所示。  图 B-1-38　选择窗族 （4）载入族之后，在"类型属性"中修改窗的属性，如材质、尺寸等。需要注意的是：在"类型参数"的"标识数据"中，要将"类型标记"改为窗的名称，如此处改为"C2730"，如图 B-1-39 所示。 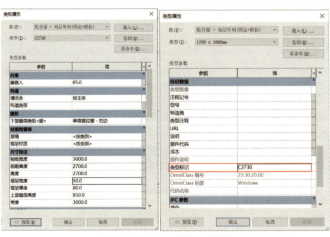 图 B-1-39　窗类型编辑器

(续)

序号	步骤	操作方法及说明
2	布置一扇窗构件	(1)完成窗构件的"类型属性"编辑后,在"属性"面板中修改参数,如输入"底高度"数据,则可修改窗的离地高度,如图 B-1-40 所示。 图 B-1-40　窗属性 (2)通过识读图纸确定窗的具体位置,在"修改|放置窗"选项卡中选择"在放置时进行标记",在选项栏中,选择标记为"水平"或者"垂直"布置。单击墙体布置窗构件,如图 B-1-41 所示。 图 B-1-41　窗标记 (3)在墙体上选择已经布置完毕的窗构件,单击其距离墙边的数据,修改其距离墙边的尺寸,可实现精确布置窗构件,如图 B-1-42 所示。 图 B-1-42　精确布置窗构件 (4)在墙体上选择已经布置完毕的窗构件,按空格键或单击图 B-1-43 中的双箭头,可修改窗的开启方向,如图 B-1-43 所示。 图 B-1-43　修改窗的开启方向
3	布置所有窗构件	根据上述方法布置所有内外墙上的窗构件

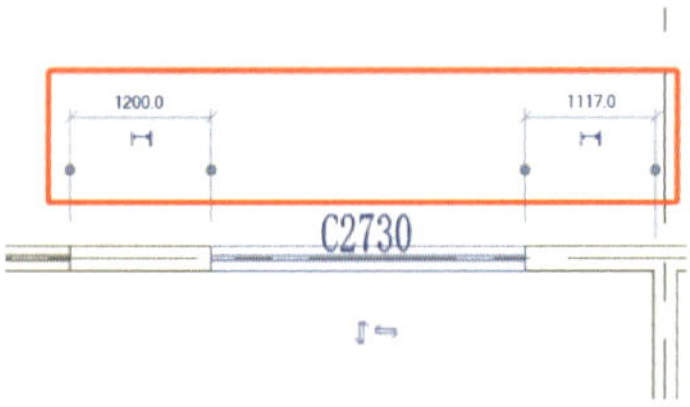

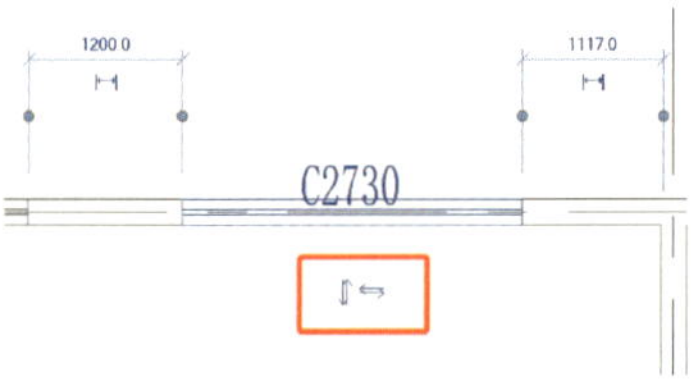

问题情境

窗构件布置完毕后,应如何汇总窗的总数量?

操作方法:单击"视图"选项卡,选择"创建"面板中的"明细表"命令,在其下拉菜单中选择"明细表/数量",如图 B-1-44 所示。

图 B-1-44　选择"明细表/数量"

在弹出的"新建明细表"中,单击"类别"下的"窗",再单击"确定",如图 B-1-45 所示。

图 B-1-45　新建明细表

在弹出的"明细表属性"中,选择"字段"选项卡,在"选择可用的字段"中,依次选择"类型标记""宽度""高度""底高度"及"合计",单击"添加参数"按钮,将上述字段添加到"明细表字段"中,单击"确定",如图 B-1-46 所示。

图 B-1-46　添加明细表字段

如图 B-1-47 所示，在"属性"面板中单击"排序/成组"后的"编辑"命令，在弹出的"明细表属性"中，将"排序方式"改为"类型标记"，勾选"总计"，取消勾选"逐项列举每个实例"，单击"确定"，如图 B-1-48 所示，软件将自动跳转至"窗明细表"界面。在此界面中可以看到整个项目所有窗构件的信息和数量，如图 B-1-49 所示。

图 B-1-47　属性

图 B-1-48　明细表属性

<窗明细表>

A	B	C	D	E
类型标记	宽度	高度	底高度	合计
BY0404	400	400	3450	1
BY0504	500	400	3450	2
BY0805	800	500	3100	2
BY1506	1500	600	2950	1
BYC1512	1500	1200	0	30
C0621	600	2100	900	5
C0639	600	3900	0	4
C1021	1000	2100	900	12
C1030	1000	3000	900	12
C1221	1200	2100	0	19
C1239	1200	3900	0	18
C2221	2200	2100	900	2
C2721	2700	2100	900	8
C2730	2700	3000	900	5
C7521	7500	2100	0	1
总计: 122				

图 B-1-49　窗明细表

（四）学习结果评价（表 B-1-6）

五、课后作业

新建项目文件，按照图 B-1-50 绘制出平面图，并创建门窗。图中，墙高均为 3m，M0820 的尺寸为 800mm×2000mm，M0818 的尺寸为 800mm×1800mm，C0912 的尺寸为 900mm×1200mm，C1515 的尺寸为 1500mm×1500mm。窗的离地高度均为 600mm。

表 B-1-6　创建窗学习结果评价表

序号	评价内容	评价标准	评价结果（是/否）
1	识读图纸中的窗高、窗宽、窗材质、窗位置等信息	能正确识读窗高 能正确识读窗宽 能正确识读窗材质 能正确识读窗位置	□是　□否 □是　□否 □是　□否 □是　□否
2	掌握窗族载入	能熟练载入不同的窗族类型	□是　□否
3	修改窗属性参数	能修改窗高度、宽度 能修改窗材质 能修改类型标记	□是　□否 □是　□否 □是　□否
4	修改窗开启方向	能修改窗的开启方向	□是　□否

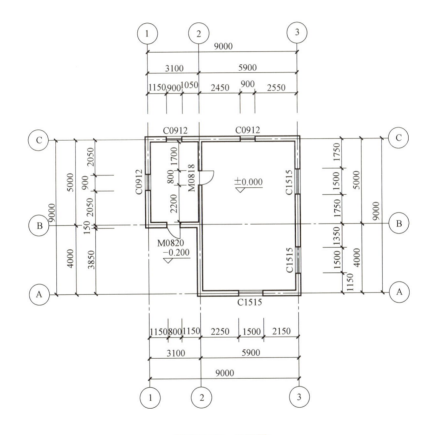

图 B-1-50　平面图

德育链接

坚持创新核心地位，加快建设科技强国

科技赋能已经成为房地产转型升级的主要方向。北京源码智能技术有限公司（简称

"源码智能")是清华校友三创大赛获奖项目。源码智能团队潜心研发多年，在行业内首家推出完善的智慧窗系统，使门窗能够变得"聪明"起来，根据室内外环境自动开关，并可科学管理室内的微气候，让室内的空气质量保持健康、舒适的状态。智慧窗系统包含了智能硬件和软件云平台两大部分，其中智能硬件又包含物联网、AI、传感器、传动机构、控制芯片与五金系统等几大模块，软件云平台则是对窗户实行远程智能管理的平台。

德育提示：加强自身的创新意识，增强国家软实力。

职业能力 B-1-4　能正确创建门、窗族

一、核心概念

1. 门、窗的构成：门由门框、门扇、门锁组成，窗由窗框、窗扇、玻璃组成。

2. 门、窗的设计表现：在平面图中，门通常用两个长矩形的双线条加上四分之一圆表示，窗通常用四条线表示。

3. 门、窗族的三维建模：利用 Revit 软件中的"族""设置参照平面""拉伸"等命令，实现门、窗族的三维建模。

二、学习目标

1. 能正确识读建筑施工图上与门、窗有关的信息，如门、窗的形式等。
2. 能新建门、窗族，并设置属性。
3. 能绘制出门、窗在平面图上的表达形式。

三、基本知识

（一）图纸信息

1. 门、窗尺寸信息：门窗表。
2. 门、窗材质信息：门窗表。

（二）门、窗族绘制的主要命令

1. 通过"族"命令，可创建门、窗族。
2. 通过"基于墙的公制常规模型"命令，可创建门、窗族。
3. 通过"拉伸"等命令，绘制门、窗模型。
4. 通过"注释"等命令，绘制门、窗的平面表达。

（三）门、窗的绘制流程

门、窗的绘制流程：新建族→绘制族→载入到项目。

四、能力训练

（一）操作条件

××人民法庭办公楼的建施 02、04~06、08、09；Revit 软件。

（二）操作效果（图 B-1-51）

（三）操作过程（表 B-1-7）

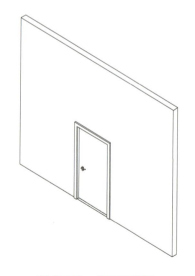

图 B-1-51　门族效果图

创建门、窗族

表 B-1-7　创建门、窗族的操作过程

序号	步骤	操作方法及说明
1	新建门族	在"族"下选择"新建",在窗口中选择族样板为"公制门",进入门族的设计界面,如图 B-1-52 所示。
2	拾取工作平面	(1)单击"创建"选项卡,在"工作平面"面板中单击"设置",在弹出的"工作平面"窗口中选择"拾取一个平面",单击"确定",如图 B-1-53 所示。 (2)单击中间的参照平面,在弹出的"转到视图"窗口中,选择"立面:内部",单击"打开视图",绘图界面自动跳转为立面,如图 B-1-54 所示。

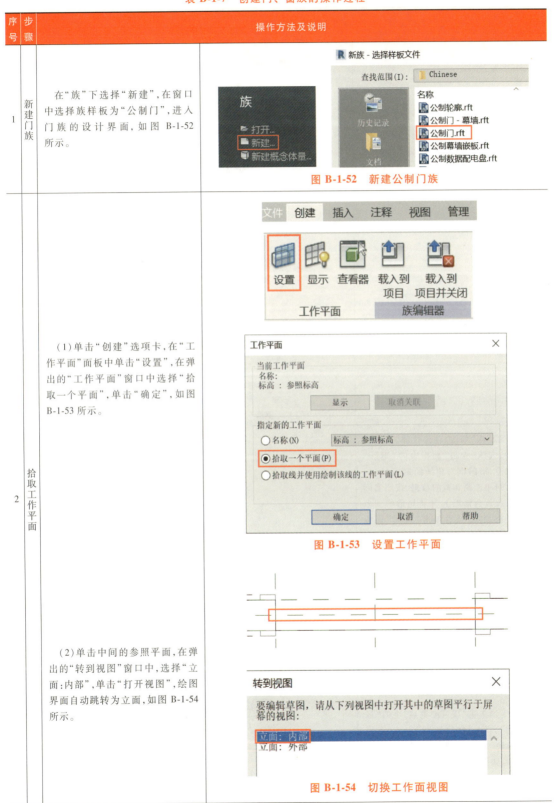

图 B-1-52　新建公制门族

图 B-1-53　设置工作平面

图 B-1-54　切换工作面视图

(续)

序号	步骤	操作方法及说明
3	绘制门扇	（1）单击"创建"选项卡，在"形状"面板中单击"拉伸"。在"属性"面板中修改"拉伸终点"和"拉伸起点"，若门板厚度为 40mm，则分别输入"-20"和"20"，如图 B-1-55 所示。 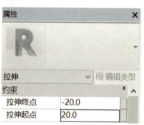 图 B-1-55　创建拉伸形状 （2）在"修改|创建拉伸"选项卡中，选择"绘制"面板中的"矩形"命令，沿门框对角线绘制门扇（同时可单击高和宽的数据，按照实际情况进行修改），并将矩形的四条边框锁定；然后单击"模式"面板中的"√"命令，完成门扇的绘制，如图 B-1-56 所示。   图 B-1-56　绘制门扇
4	载入门把手	（1）单击"项目浏览器"中的"视图"，双击"楼层平面"中的"参照标高"，将绘图界面切换至平面视图，如图 B-1-57 所示。  图 B-1-57　切换至平面视图

(续)

序号	步骤	操作方法及说明
4	载入门把手	(2)单击"插入"选项卡,在"从库中载入"面板中单击"载入族"。在弹出的"载入族"窗口中,依次选择"建筑"→"门"→"门构件"→"拉手",并在其中选择合适的门拉手,如"门锁1",单击"打开"命令,如图 B-1-58 所示。 图 B-1-58　载入族 (3)在"项目浏览器"中单击"门锁1",将其拖至绘图界面,并放置在适当位置,如图 B-1-59 所示。 图 B-1-59　放置门锁 (4)双击门锁,勾选"属性"面板中的"共享"命令,如图 B-1-60 所示。 图 B-1-60　"共享"命令 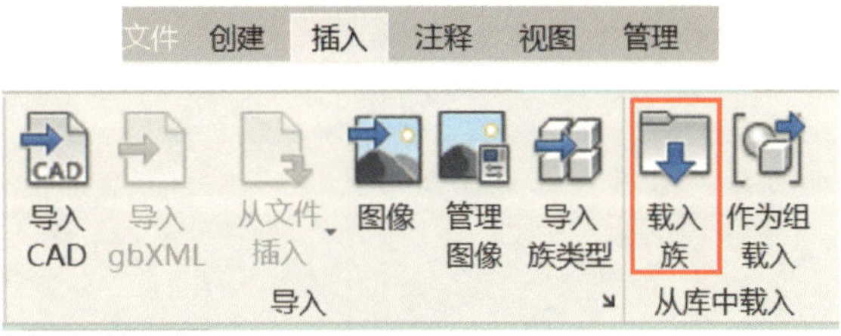 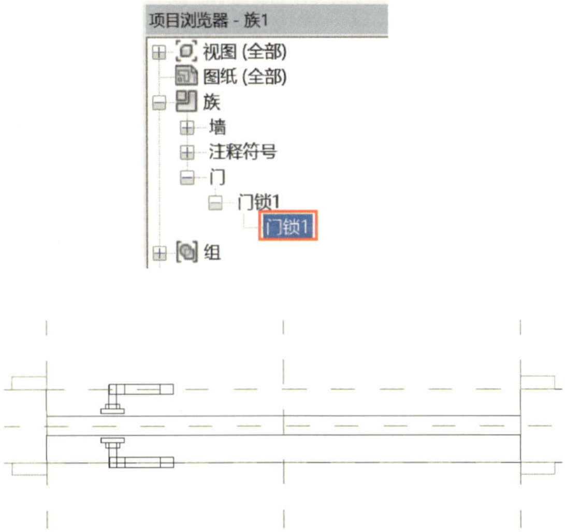 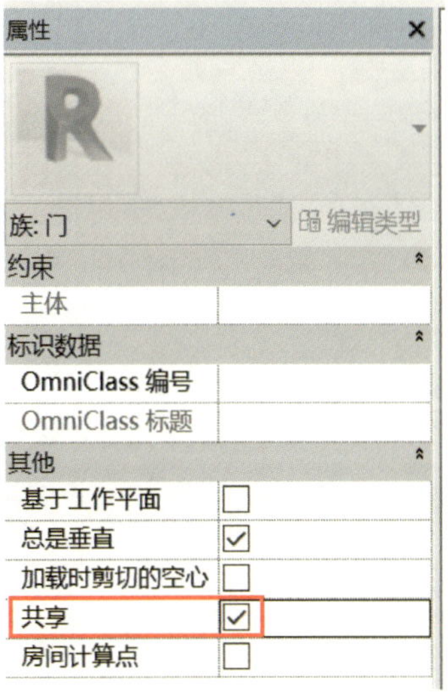

（续）

序号	步骤	操作方法及说明
4	载入门把手	（5）单击"修改"选项卡，在"族编辑器"面板中单击"载入到项目"，在弹出的窗口中选择"覆盖现有版本及其参数值"，如图B-1-61所示。  图 B-1-61　载入族到项目 （6）选择门锁，单击"属性"面板中的"编辑类型"命令，在弹出的"类型属性"窗口中，将"嵌板厚度"改为"40.0"，如图 B-1-62 所示。  图 B-1-62　修改门锁类型参数 （7）在"项目浏览器"中单击"立面-内部"，将门锁移动到适当位置。对门锁高度进行尺寸标注，并将标注结果锁定，如图 B-1-63 所示。 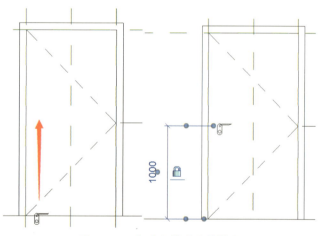 图 B-1-63　标注门锁高度并锁定 （8）单击"修改|尺寸标注"选项卡，在"标签尺寸标注"面板中单击"创建参数"图标，如图 B-1-64 所示。  图 B-1-64　创建参数

（续）

序号	步骤	操作方法及说明
4	载入门把手	(9) 在弹出的"参数属性"窗口中，选择"参数类型"为"族参数"，"参数数据"中"名称"下输入"门锁离地高度"，单击"确定"，则绘图界面上"门锁离地高度"成为属性参数。之后若需修改门锁离地高度，可单击数据后输入新的数值，如图 B-1-65 所示。 图 B-1-65　创建门锁高度参数 (10) 同样，在任意选项卡下，可选择"属性"面板中的"族类型"命令。在弹出的"族类型"窗口中，通过修改"尺寸标注"栏下的"门锁离地高度"值，可修改门锁的离地高度，如图 B-1-66 所示。 图 B-1-66　修改参数

（续）

序号	步骤	操作方法及说明
5	设置平面表达	（1）在"项目浏览器"中单击"参照标高"，同时选择门板和门锁，单击"属性"面板中"可见性/图形替换"后的"编辑"命令，取消勾选"平面/天花板平面视图"和"当在平面/天花板平面视图中被剖切时（如果类别允许）"，如图 B-1-67 所示。  图 B-1-67　设置图元可见性 （2）单击"注释"选项卡，在"详图"面板中单击"符号线"，再单击"矩形"命令，绘制矩形门板（宽1000mm，厚 40mm），并将"属性"面板中的"子类别"修改为"门[截面]"，单击"应用"，如图 B-1-68 所示。 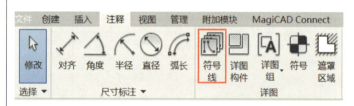 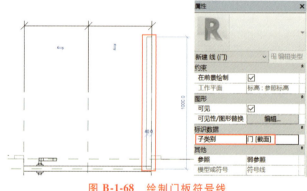 图 B-1-68　绘制门板符号线 （3）单击"圆心-端点弧"命令，绘制弧形开启方向，并将"属性"面板中的"子类别"修改为"平面打开方向[截面]"，单击"应用"，如图 B-1-69 所示。 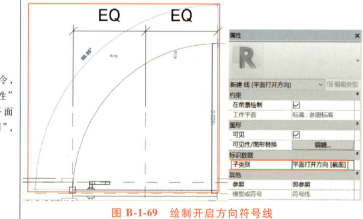 图 B-1-69　绘制开启方向符号线

(续)

序号	步骤	操作方法及说明
5	设置平面表达	(4) 对矩形门板的宽度进行标注。选择标注数据,在"标签"的下拉菜单中选择"宽度 = 1000"。之后若需修改门板宽度,可单击数据后输入新的数值,如图 B-1-70 所示。 (5) 单击"创建"选项卡,在"控件"面板中单击"控件",可在"控制点类型"面板中单击"双向垂直"或"双向水平"等,改变门的开启方式和方向,如图 B-1-71 所示。
6	将门族载入到项目	单击"修改|放置 控制点"选项卡,在"族编辑器"面板中单击"载入到项目",完成门族的载入,如图 B-1-72 所示。
7	建立窗族并载入到项目	用同样的方法,建立窗族,并将其载入项目。

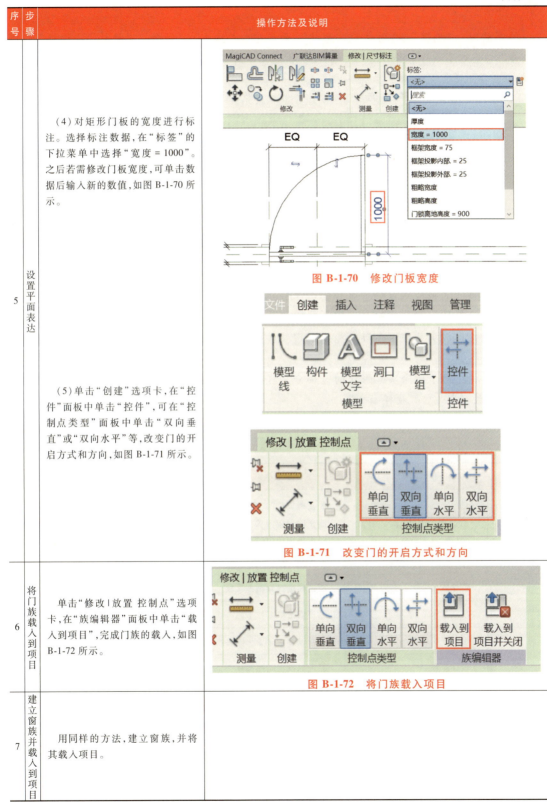

图 B-1-70　修改门板宽度

图 B-1-71　改变门的开启方式和方向

图 B-1-72　将门族载入项目

问题情境

绘制族时,"创建"选项卡的"形状"面板中,"拉伸""融合""旋转""放样""放样融合""空心形状"(图 B-1-73)等命令各适用于什么情况?

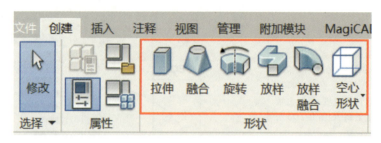

图 B-1-73 "形状"面板

拉伸:拉伸二维形状轮廓,可创建实心的三维形状。

融合:用于创建实心三维形状,该工具可以融合两个轮廓。

旋转:通过绘制形状轮廓和旋转轴,使形状轮廓围着旋转轴旋转形成实心的三维形状。

放样:绘制路径和形状轮廓,使形状轮廓沿着路径形成实心的三维形状。

放样融合:用于创建一个融合形状,由起始形状轮廓、最终形状轮廓沿着指定路径形成实心的三维形状。

空心形状:用于删除实心形状的一部分,可以绘制"空心拉伸""空心融合""空心旋转""空心放样""空心放样融合"。

(四)学习结果评价(表 B-1-8)

表 B-1-8 创建门、窗族学习结果评价表

序号	评价内容	评价标准	评价结果(是/否)
1	识读图纸中门和窗的高、宽、材质、平面位置等信息	能正确识读门、窗高 能正确识读门、窗宽 能正确识读门、窗材质 能正确识读门、窗平面位置	□是 □否 □是 □否 □是 □否 □是 □否
2	新建族	能正确选择族类型模板	□是 □否
3	拾取工作平面	能正确拾取工作平面	□是 □否
4	绘制形状轮廓	能通过各种命令正确绘制出形状轮廓	□是 □否
5	属性参数	能正确设置属性参数	□是 □否

五、课后作业

请采用"公制-窗"的族样板,创建符合图 B-1-74 要求的窗族,各尺寸通过参数控制,并创建窗的平面和立面表达。该窗的窗框断面尺寸为 80mm×80mm,窗扇边框的断面尺寸为 50mm×50mm,玻璃厚度为 8mm,墙、窗框、窗扇边框、玻璃全部呈中心对齐。

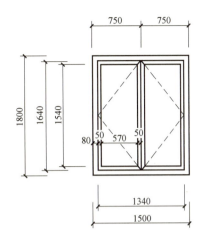

图 B-1-74 窗族效果图

> **德育链接**
>
> ### 古代第一部建筑工程官方著作
>
> 在我国宋朝发行的《营造法式》是一部有关建筑设计与施工的官方专著,在这部著作里专门列举了各种窗的式样、做法并附有图样。从这些记载和建筑实例中可以见到,当时的门窗不仅有多种样式,而且还有了装饰,门窗上出现了用木棍条组成的各式花纹。《营造法式》在北宋刊行时的现实意义是严格的工料限定,意在杜绝建筑工程中的贪污现象。
>
> **德育提示**:在日常工作与学习中,应严格遵守职业操守。

职业能力 B-1-5 能正确创建幕墙

一、核心概念

1. 幕墙的基本知识:幕墙在建筑中的主要作用为装饰和采光,也可兼保温、隔热、隔声功能,所用材料多为玻璃、金属,是建筑的外墙围护,不承重。

2. 幕墙的设计表现:幕墙一般由面板和龙骨组成,支撑幕墙面板的龙骨称为竖梃,幕墙面板又称幕墙嵌板,嵌板可以是玻璃也可以是门或窗。

3. 幕墙的三维建模:利用 Revit 软件中的"墙""幕墙网格""竖梃"等命令,实现幕墙的三维建模。

二、学习目标

1. 能正确识读建筑施工图上与幕墙有关的信息,如幕墙长度、高度、材质、平面位置、离地高度等。

2. 能新建幕墙,并正确输入其属性信息。

3. 能正确绘制幕墙。

三、基本知识

（一）图纸信息

1. 幕墙尺寸信息：门窗表，建筑平面图、立面图。
2. 幕墙材质信息：门窗表、建筑设计说明等。

（二）幕墙绘制的主要命令

1. 通过"墙"命令，可创建幕墙。
2. 通过"编辑类型"命令，可修改幕墙属性。
3. 通过"幕墙网格"命令，可在幕墙上创建网格线。
4. 通过"竖梃"命令，可绘制幕墙上的竖梃。

（三）幕墙绘制流程

幕墙绘制流程：定义幕墙构件→布置幕墙→创建幕墙竖梃。

四、能力训练

（一）操作条件

××人民法庭办公楼的建施 02、04；Revit 软件。

（二）操作效果（图 B-1-75）

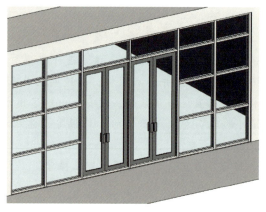

创建幕墙

图 B-1-75　幕墙效果图

（三）操作过程（表 B-1-9）

表 B-1-9　创建幕墙的操作过程

序号	步骤	操作方法及说明
1	建立幕墙	（1）在"项目浏览器"中，双击"楼层平面"，双击"标高 1"，切换至平面视图，如图 B-1-76 所示。 图 B-1-76　标高 1 平面

（续）

序号	步骤	操作方法及说明
1	建立幕墙	（2）单击"建筑"选项卡，在"构建"面板中单击"墙"的下拉菜单，选择"墙:建筑"，如图 B-1-77 所示。 图 B-1-77 选择"墙:建筑" （3）单击"属性"面板中的下拉菜单，选择"幕墙"，也可以单击"编辑类型"，将"族"改为"系统族:幕墙"，"类型"改为"幕墙"；同时在"类型参数"中勾选"自动嵌入"，单击"确定"，如图 B-1-78 所示。 图 B-1-78 选择幕墙 （4）根据图纸，修改幕墙顶高度，根据幕墙长度及其在图纸上的具体位置，在墙体上绘制幕墙，如图 B-1-79 所示。 图 B-1-79 修改幕墙高度
2	创建竖梃	（1）在"项目浏览器"中双击"立面（建筑立面）"中的"南"，切换至南立面。单击"建筑"选项卡，在"构建"面板中单击"幕墙网格"，用"全部分段"或"一段"命令将幕墙竖梃的位置绘制出来，如图 B-1-80 所示。 图 B-1-80 设置幕墙网格

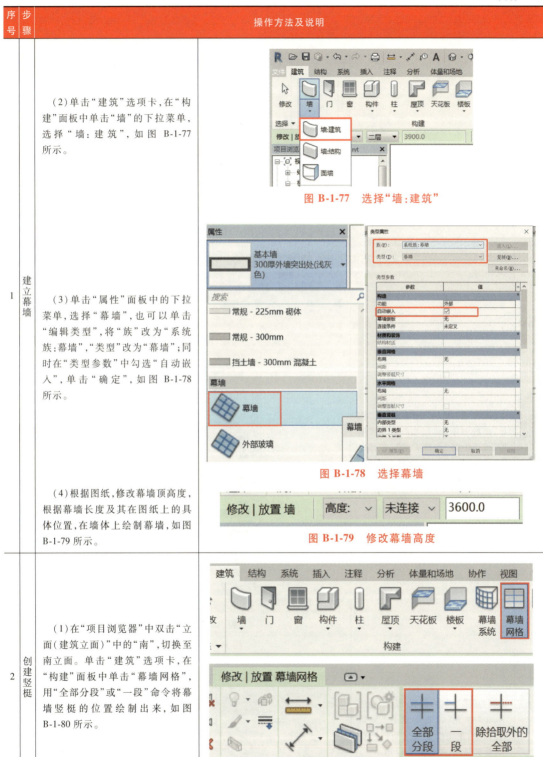

（续）

序号	步骤	操作方法及说明
2	创建竖梃	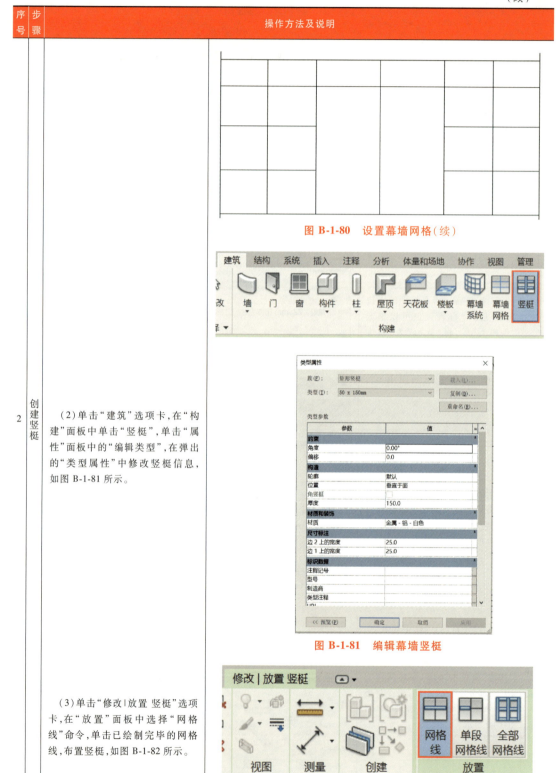

图 B-1-80　设置幕墙网格（续）

（2）单击"建筑"选项卡，在"构建"面板中单击"竖梃"，单击"属性"面板中的"编辑类型"，在弹出的"类型属性"中修改竖梃信息，如图 B-1-81 所示。

图 B-1-81　编辑幕墙竖梃

（3）单击"修改\|放置 竖梃"选项卡，在"放置"面板中选择"网格线"命令，单击已绘制完毕的网格线，布置竖梃，如图 B-1-82 所示。

图 B-1-82　绘制幕墙竖梃 |

（续）

序号	步骤	操作方法及说明
2	创建竖梃	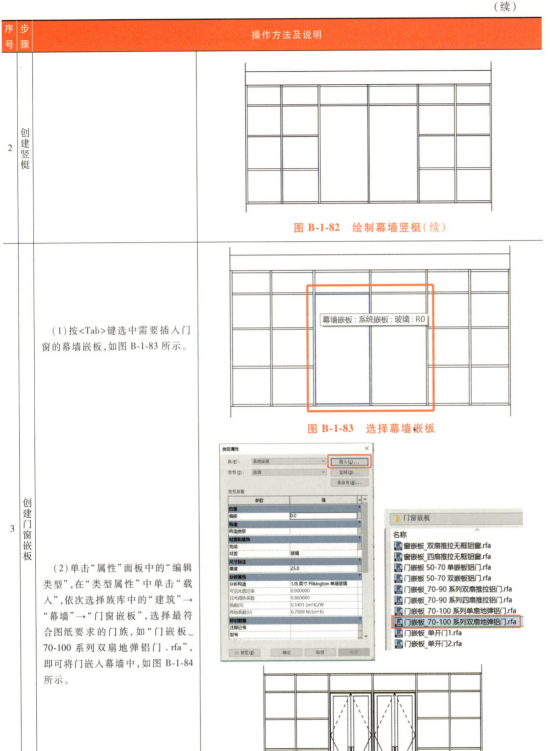 图 B-1-82　绘制幕墙竖梃（续）
3	创建门窗嵌板	（1）按<Tab>键选中需要插入门窗的幕墙嵌板，如图 B-1-83 所示。 图 B-1-83　选择幕墙嵌板 （2）单击"属性"面板中的"编辑类型"，在"类型属性"中单击"载入"，依次选择族库中的"建筑"→"幕墙"→"门窗嵌板"，选择最符合图纸要求的门族，如"门嵌板_70-100 系列双扇地弹铝门.rfa"，即可将门嵌入幕墙中，如图 B-1-84 所示。 图 B-1-84　载入幕墙嵌板族

问题情境一

如何删除幕墙网格线？

操作方法：选择需要删除的幕墙网格线，单击"修改｜幕墙网格"选项卡，选择"添加/删除线段"，再单击需要删除的幕墙网格线，即可删除，如图 B-1-85 所示。

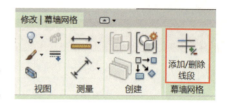

图 B-1-85　添加/删除幕墙网格线

 问题情境二

如何修改竖梃的搭接方式？

操作方法：选择需要修改的竖梃，单击"修改｜幕墙竖梃"，选择"结合"或者"打断"命令，如图 B-1-86 所示，修改竖梃的搭接方式，最终效果如图 B-1-87 所示。

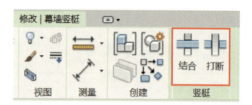

图 B-1-86　"结合"或者"打断"命令

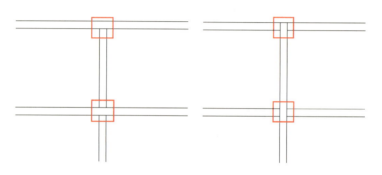

图 B-1-87　竖梃效果图

（四）学习结果评价（表 B-1-10）

表 B-1-10　创建幕墙学习结果评价表

序号	评价内容	评价标准	评价结果（是/否）
1	识读图纸中的幕墙信息	能正确识读幕墙高 能正确识读幕墙宽 能正确识读幕墙材质 能正确识读幕墙位置	□是　□否 □是　□否 □是　□否 □是　□否
2	掌握幕墙绘制	能熟练绘制幕墙	□是　□否
3	创建幕墙竖梃	能创建幕墙网格 能创建竖梃	□是　□否 □是　□否
4	掌握门窗嵌板	能载入并创建门窗嵌板	□是　□否

五、课后作业

按照图 B-1-88 所示，创建玻璃幕墙及其水平竖梃模型。

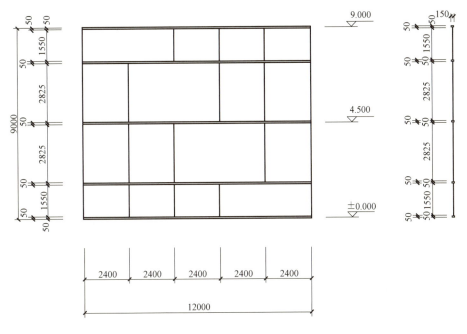

图 B-1-88　玻璃幕墙立面图

德育链接

中国建筑幕墙发展历程

国内建筑幕墙以1983年兴建的长城饭店为标志，经30多年的发展，从没有国家和行业标准，经历行业标准制定、实验研究和实践应用，已与国际幕墙技术接轨，并进入广泛应用新技术、新材料和新工艺的智能信息化、绿色环保化、工厂装配化个性发展阶段。随着互联网基础设施的完善，特别是5G技术的应用和普及、智能控制电子产品成本的下降、建筑人性化需要和环保要求的升级，建筑幕墙必然向智能信息化、绿色环保化、装配化方向发展；此外，幕墙作为建筑子系统，在满足建筑量身定制设计的过程中，个性化既是必然，又是其永恒审美和商业价值所在。

德育提示：加强自身的科学精神和绿色环保意识。

职业能力 B-1-6　能正确创建屋顶

一、核心概念

1. 屋顶的基本知识：屋顶是房屋顶层覆盖的外围护结构，也可兼保温、隔热作用，即围护功能，所用材料多为钢筋混凝土。屋顶的底部标高指屋顶的底部所在位置，截断标高指屋顶顶部所在位置，坡度根据图纸确定。

2. 屋顶的类型：平屋顶、坡屋顶、壳体等形式。其设计表现从内向外依次为结构层、找平层、保温层、防水层等。

3. 屋顶的三维建模：利用Revit软件中的"屋顶""迹线屋顶""定义坡度"等命令，实现屋顶的三维建模。

二、学习目标

1. 能正确识读建筑施工图上与屋顶有关的信息，如屋顶标高、坡度、板厚、平面位置等。

2. 能新建屋顶，并正确输入其属性信息。

3. 能正确绘制屋顶。

三、基本知识

（一）图纸信息

1. 屋顶尺寸信息：屋顶平面图。

2. 屋顶材质信息：建筑设计说明、节点详图等。

（二）屋顶绘制的主要命令

1. 通过"迹线屋顶"命令，可创建坡屋顶。

2. 通过"编辑类型"命令，可修改屋顶构造。

3. 通过"坡度"命令，可给屋顶设置坡度。

（三）屋顶绘制流程

屋顶绘制流程：定义屋顶构件→绘制屋顶→修改屋顶坡度。

四、能力训练

（一）操作条件

××人民法庭办公楼的建施02、06~09；Revit软件。

（二）操作效果（图B-1-89）

创建屋顶

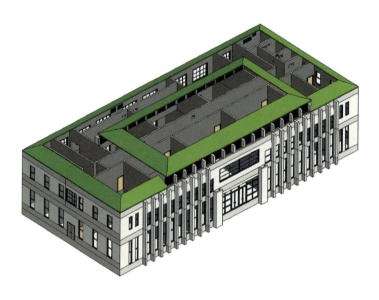

图B-1-89　屋顶效果图

（三）操作过程（表 B-1-11）

表 B-1-11　创建屋顶的操作过程

序号	步骤	操作方法及说明
1	建立屋顶	（1）在"项目浏览器"中，双击"楼层平面"，再双击"标高 3"，切换至屋顶平面图，如图 B-1-90 所示。 图 B-1-90　标高 3 平面 （2）单击"建筑"选项卡，在"构建"面板中单击"屋顶"的下拉菜单，选择"迹线屋顶"，进入屋顶草图的绘制界面，如图 B-1-91 所示。 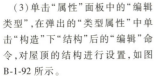 图 B-1-91　选择"迹线屋顶" （3）单击"属性"面板中的"编辑类型"，在弹出的"类型属性"中单击"构造"下"结构"后的"编辑"命令，对屋顶的结构进行设置，如图 B-1-92 所示。  图 B-1-92　编辑屋顶结构 （4）根据图纸，对屋顶的结构层、找平层、保温层等进行设置，每一层包括"功能""材质""厚度"等（方法同墙体）。完成后单击"确定"，完成编辑，如图 B-1-93 所示。  图 B-1-93　屋顶材质编辑

(续)

序号	步骤	操作方法及说明
2	绘制屋顶	(1) 在"属性"面板的"底部标高"和"截断标高"中分别输入"标高3"和"标高4",如图B-1-94所示。 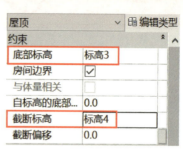 图 B-1-94　设置屋顶标高 (2) 单击"修改|创建屋顶迹线"选项卡,在"绘制"面板中单击"边界线",并选择"直线""矩形"等绘制方式,绘制屋顶轮廓,如图B-1-95所示。  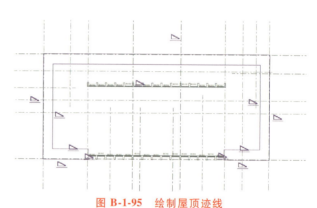 图 B-1-95　绘制屋顶迹线 (3) 根据图纸,单击坡度为零的屋顶轮廓线,取消勾选"定义坡度"复选框,如图B-1-96所示。 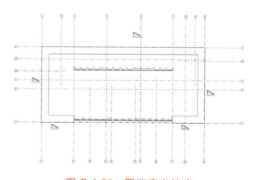 图 B-1-96　取消定义坡度

(续)

序号	步骤	操作方法及说明
2	绘制屋顶	(4) 根据图纸，单击存在坡度的屋顶轮廓线，将屋顶的坡度输入到"属性"面板的"坡度"一栏。此栏数据可为角度、比例等，如图 B-1-97 所示。 (5) 单击"修改|创建屋顶迹线"选项卡"模式"面板中的"√"，即可完成屋顶迹线的绘制，如图 B-1-98 所示。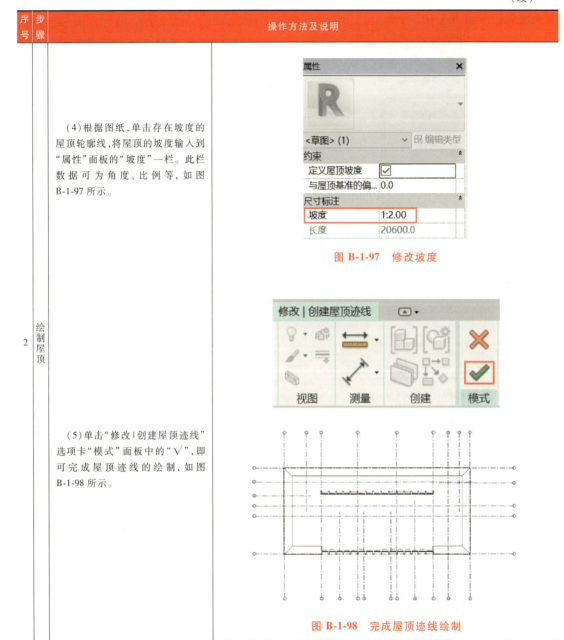 图 B-1-97 修改坡度 图 B-1-98 完成屋顶迹线绘制

 问题情境一

如何绘制曲面屋顶？

操作方法：单击"建筑"选项卡，在"构建"面板中单击"屋顶"的下拉菜单，选择"拉伸屋顶"，如图 B-1-99 所示。在弹出的"工作平面"中，单击"拾取一个平面"，单击"确定"，界面跳转至平面视图，如图 B-1-100 所示。

在平面图上选择其中一个已经绘制好的墙体边线，如图 B-1-101 所示，在弹出的"跳转视图"窗口中选择一个立面视图,如"立面:北",单击"打开视图",界面自动跳转至北立面视图,如图 B-1-102 所示。

图 B-1-99　新建屋顶

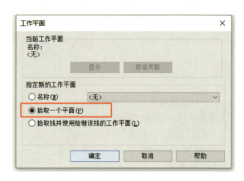

图 B-1-100　拾取一个平面

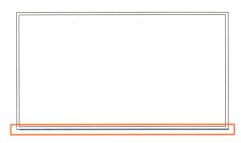

图 B-1-101　选择墙体边线

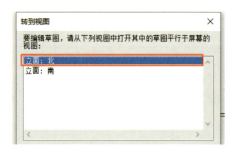

图 B-1-102　拾取一个平面

软件弹出"屋顶参照标高和偏移"对话框,在"标高"一栏输入屋顶的标高信息,如"标高2","偏移"一栏设置为默认值"0.0",单击"确定",如图 B-1-103 所示。

单击"修改|创建拉伸屋顶轮廓"选项卡,单击"绘制"面板中的"样条曲线"命令,如图 B-1-104 所示,将曲面屋顶的形

图 B-1-103　确定屋顶标高

状绘制出来,如图 B-1-105 所示。在"属性"面板中单击"编辑类型",修改屋顶的类型属性,如图 B-1-106 所示,完成后选择"修改|创建拉伸屋顶轮廓"选项卡中的"√"命令,效果如图 B-1-107 所示。

图 B-1-104　绘制屋顶轮廓命令

图 B-1-105　绘制轮廓线条

单击"默认三维视图"命令,即可打开三维视图,如图 B-1-108、图 B-1-109 所示。

图 B-1-106　修改屋顶的类型属性

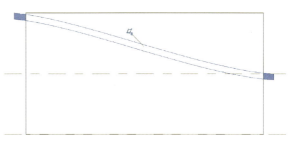

图 B-1-107　拉伸屋顶立面图

图 B-1-109　拉伸屋顶三维图

图 B-1-108　三维观察命令

问题情境二

当墙体高出屋面时，如何将墙体高度修改到屋面底？

操作方法： 选择需要修改的墙体，单击"修改｜墙"选项卡，单击"修改墙"面板中的"附着顶部/底部"命令，再选择屋面，即可将墙体与屋面底平齐，如图 B-1-110、图 B-1-111 所示。

图 B-1-110　墙体附着命令

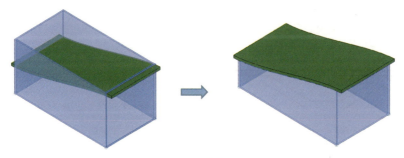

图 B-1-111　墙体附着效果

需要注意的是：如果软件出现高亮显示，如图 B-1-112 所示，有墙体未附着到屋面底，说明此墙体未与屋顶接触，只需要将屋顶拉伸至与该墙体接触即可。

图 B-1-112　高亮显示情况

（四）学习结果评价（表 B-1-12）

表 B-1-12　创建屋顶学习结果评价表

序号	评价内容	评价标准	评价结果（是/否）
1	识读图纸中的屋顶信息	能正确识读屋顶标高 能正确识读屋顶厚度 能正确识读屋顶材质 能正确识读屋顶位置	□是　□否 □是　□否 □是　□否 □是　□否
2	掌握屋顶绘制	能熟练绘制屋顶轮廓 能熟练修改屋顶坡度	□是　□否 □是　□否
3	了解拉伸屋顶绘制	能绘制拉伸屋顶	□是　□否

五、课后作业

新建项目文件，按照图 B-1-113 给定的尺寸，创建屋顶模型并设置其材质，屋顶坡度为 30°。

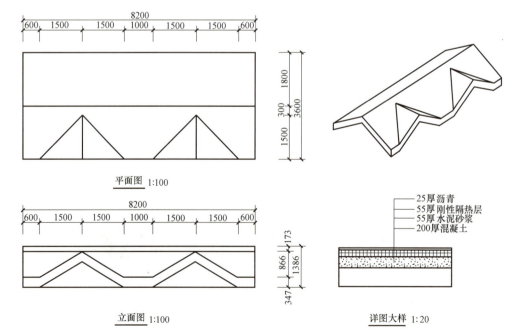

图 B-1-113　屋顶图

> **德育链接**
>
> ### 屋顶酒吧
>
> 从学校到酿酒厂再到豪华住宅，屋顶可以是实用、华丽或绿色多样的空间。成都国际金融广场被誉为"城中城"，是成都乃至我国西部的地标。由建筑师贝诺设计的多用途设计方案包括设计师商店、办公楼、五星级酒店、大熊猫笼罩下的"天空花园"屋顶和拥有绿色空间的豪华住宅，给访客在忙碌喧嚣的城市生活中提供了久违的休憩。在休闲娱乐部分，屋顶的创作，特别是酒店的屋顶，是该项目的点睛之笔。屋顶酒吧比传统的全封闭酒吧体验性更好，更受欢迎。
>
> **德育提示**：加强自身的创新精神和建筑审美意识。

职业能力 B-1-7　能正确创建楼梯

一、核心概念

1. 楼梯的基本知识：楼梯是建筑中作为垂直交通的构件，连接上、下楼层，主要由梯段、休息平台、梯梁、梯柱和栏杆组成。

2. 楼梯的类型：单跑楼梯、双跑楼梯、多跑楼梯、螺旋楼梯。

3. 楼梯的三维建模：利用 Revit 软件中的"楼梯""梯段""栏杆"等命令创建楼梯。

二、学习目标

1. 能正确识读建筑施工图上与楼梯有关的信息，如楼梯的踏步高、踏步宽、梯段宽度、休息平台尺寸、栏杆高度、平面位置、标高等。

2. 能熟练掌握 Revit 软件建立楼梯的主要命令，如"草图绘制"等。

3. 能运用 Revit 软件正确修改楼梯的踏步高、踏步宽、梯段宽度、休息平台尺寸、栏杆高度等。

三、基本知识

（一）图纸信息

1. 楼梯尺寸信息：楼梯平面图、楼梯结构平面图。

2. 楼梯材质信息：结构设计说明等。

（二）楼梯绘制的主要命令

1. 通过"楼梯"命令，可创建楼梯。

2. 通过"编辑类型"命令，可修改楼梯属性。

3. 通过绘制命令，可绘制楼梯草图。

4. 通过选择栏杆，可修改栏杆。

（三）楼梯绘制流程

楼梯绘制流程：定义楼梯构件→绘制楼梯→修改楼梯栏杆。

四、能力训练

（一）操作条件

××人民法庭办公楼的建施 04、05、09、10，结施 19；Revit 软件。

（二）操作效果（图 B-1-114）

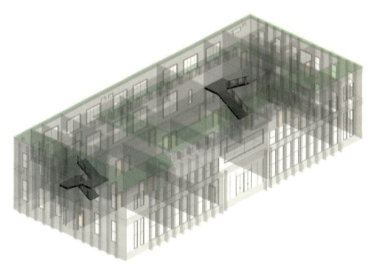

创建楼梯

图 B-1-114　楼梯效果图

（三）操作过程（表 B-1-13）

表 B-1-13　创建楼梯的操作过程

序号	步骤	操作方法及说明
1	定义楼梯	（1）以①轴~②轴间的楼梯 1 为例，在"项目浏览器"中双击"结构平面"，再双击"-0.05"，切换至平面视图，如图 B-1-115 所示。 图 B-1-115　-0.05 结构平面 （2）单击"建筑"选项卡，在"楼梯坡道"面板中单击"楼梯"命令，如图 B-1-116 所示。 图 B-1-116　选择"楼梯"

（续）

序号	步骤	操作方法及说明
1	定义楼梯	（3）单击"属性"面板中的"编辑类型"，将"族"改为"系统族:现场浇筑楼梯"，"类型参数"中的数据不改动，如图 B-1-117 所示。 图 B-1-117　修改族类型
2	绘制楼梯	（1）单击"修改|创建楼梯"选项卡，选择"工作平面"面板中的"参照平面"命令，如图 B-1-118 所示。 图 B-1-118　参照平面 （2）根据建施 10 中①轴~②轴间的楼梯平面图，在"偏移"栏中输入"1760.0"。在Ⓒ轴上，沿着箭头方向，绘制一条距离Ⓒ轴 1760mm 的参照线，如图 B-1-119 所示。 图 B-1-119　通过偏移量绘制楼梯参照线 （3）在"偏移"栏中输入"2520"，在之前绘制的参照线上，沿着箭头方向，绘制距离第一条参照线 2520mm 的参照线，这两条水平参照线代表了梯段的起始端和结束端，如图 B-1-120 所示。 图 B-1-120　绘制楼梯参照线

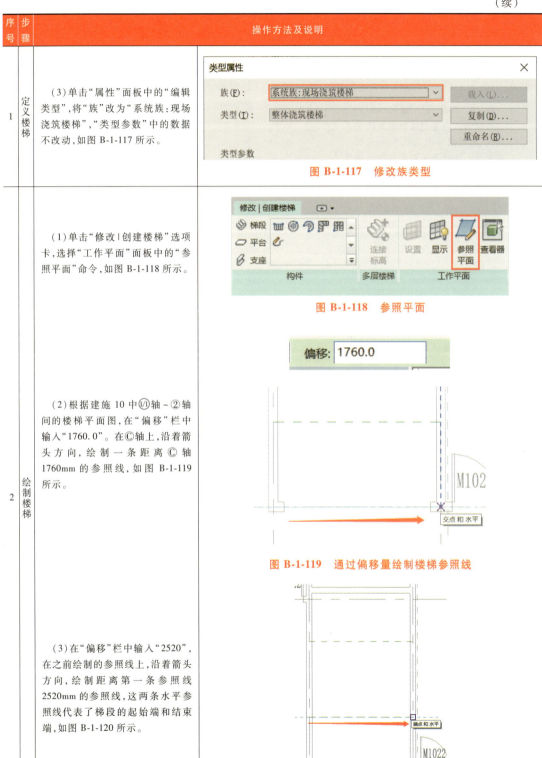

(续)

序号	步骤	操作方法及说明
2	绘制楼梯	(4)在"偏移"栏中输入"810",沿着箭头方向分别绘制距离楼梯间左、右侧墙体内边线810mm的参照线。这两条竖直参照线分别对应楼梯梯段的中心线,如图B-1-121所示。 图 B-1-121 绘制楼梯参照线 (5)选择"修改丨创建楼梯"选项卡"构件"面板中的"梯段"和"直梯",将"定位线"改为"梯段:中心",根据建施10,修改"实际梯段宽度"为"1620mm",并勾选"自动平台",如图B-1-122所示。 图 B-1-122 梯段设置 (6)根据结施19,在楼梯"属性"面板的"尺寸标注"中,将"所需踢面数"设置为"30",将"实际踏板深度"设置为"280.0",如图 B-1-123 所示。 图 B-1-123 尺寸设置 (7)根据建施9的2—2剖面图,"楼梯1"为标准三跑楼梯,因此共有三个梯段和两个休息平台。 ①绘制第一个梯段:点击第一个梯段中心线与水平起始线的交点,向着踏步上升的方向移动,直至软件显示"创建了10个梯面,剩余20个"时单击如图B-1-124所示。 图 B-1-124 绘制第一个梯段

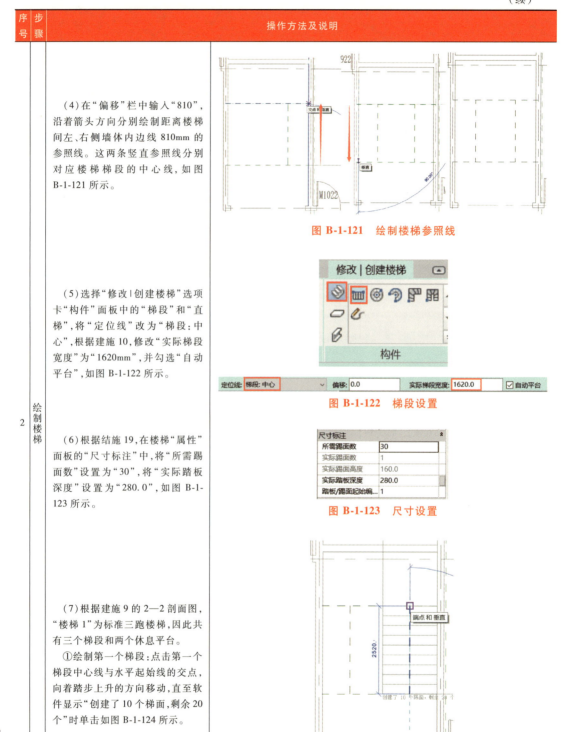

（续）

序号	步骤	操作方法及说明	
2	绘制楼梯	②绘制第二个梯段：选择第二个梯段的起始位置，向着踏步上升的方向移动，直至软件显示"创建了10个梯面，剩余10个"时单击，如图 B-1-125 所示。	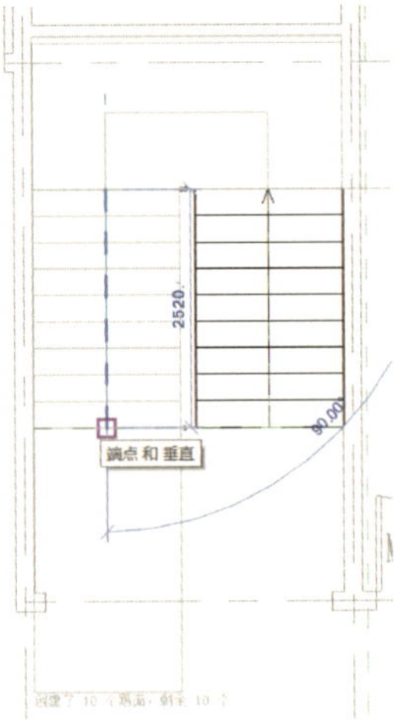 图 B-1-125　绘制第二个梯段
		③绘制第三个梯段：选择第三个梯段的起始位置，向着踏步上升的方向移动，直至软件显示"创建了10个梯面，剩余 0 个"时单击，如图 B-1-126 所示。	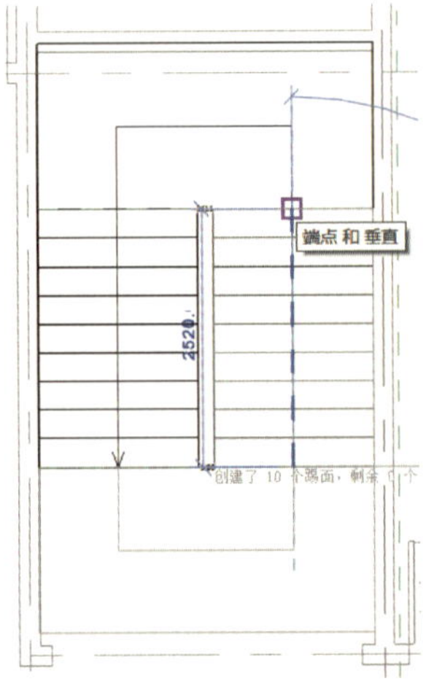 图 B-1-126　绘制第三个梯段
		（8）三个梯段完成后，软件会自动绘制两个休息平台将三个梯段连接起来，但休息平台的尺寸需要修改，因此需选中休息平台周围的三角形，拖拉至楼梯间的墙内侧，然后点击"√"，完成楼梯的绘制，如图 B-1-127 所示。	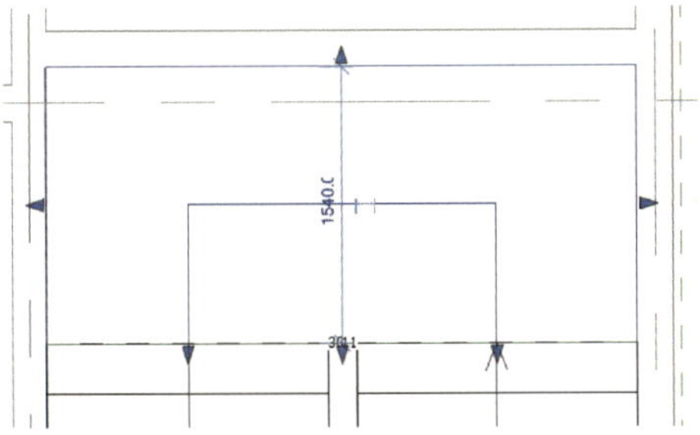 图 B-1-127　修改休息平台

（续）

序号	步骤	操作方法及说明
3	编辑栏杆	(1) 选择靠墙处的栏杆，将其删除，如果选择不到可以采用<Tab>键进行切换，如图 B-1-128 所示。 (2) 选择楼梯井处的栏杆扶手，单击"属性"面板的"编辑类型"，对楼梯的栏杆扶手进行编辑，如图 B-1-129 所示。 (3) 在"类型属性"的"顶部扶栏"中，可对扶栏进行编辑。本项目中扶栏高度为"900"，如图 B-1-130 所示。 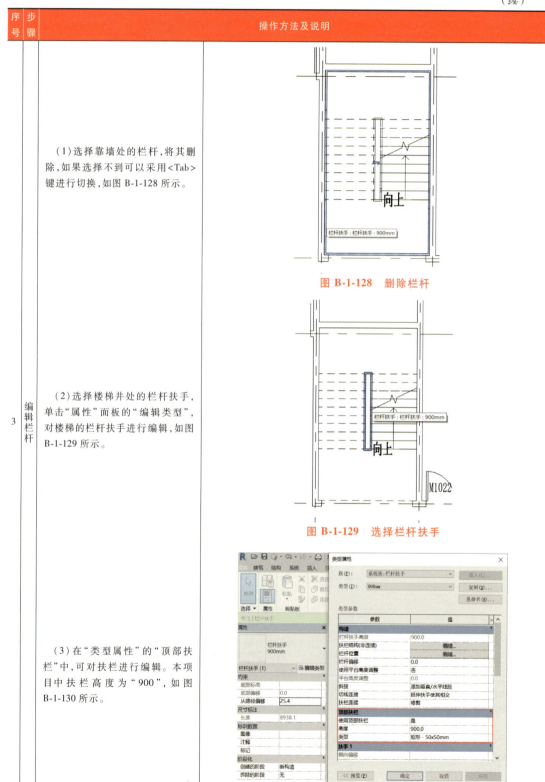 图 B-1-128 删除栏杆 图 B-1-129 选择栏杆扶手 图 B-1-130 修改栏杆扶手属性

问题情境一

绘制楼梯草图时,梯段中心点不好定位,应该怎么办?

操作方法:在绘制楼梯草图前,可以修改定位线。如果楼梯靠墙,可以选择"梯段:左"或者"梯段:右";如果所绘制的楼梯有梯边梁,则可以选择"梯边梁外侧:左"或者"梯边梁外侧:右",如图 B-1-131 所示。

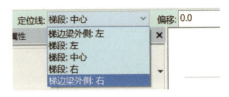

图 B-1-131 切换梯段绘制定位线

 问题情境二

如何在绘制草图时就将栏杆扶手定义好并将楼梯的栏杆设置在梯边梁上?

操作方法:选择"修改|创建楼梯"选项卡下的"栏杆扶手",如图 B-1-132 所示,在弹出的窗口中可以修改栏杆扶手类型以及布置位置,如图 B-1-133 所示。

图 B-1-132 "栏杆扶手"命令

图 B-1-133 "栏杆扶手"定义

 问题情境三

绘制楼梯草图时若没有勾选"自动平台",则应如何绘制楼梯的休息平台?

操作方法:选择"修改|创建楼梯"选项卡下的"构件"一栏,选择"平台"即可绘制休息平台,如图 B-1-134 所示。

图 B-1-134 "平台"命令

(四)学习结果评价(表 B-1-14)

表 B-1-14 创建楼梯学习结果评价表

序号	评价内容	评价标准	评价结果(是/否)
1	识读图纸中的楼梯信息	能正确识读楼梯的踏步深和踏步高	□是 □否
		能正确识读楼梯的梯段宽度	□是 □否
		能正确识读休息平台尺寸	□是 □否
		能正确识读栏杆高度	□是 □否
2	掌握楼梯绘制	能熟练绘制楼梯草图	□是 □否
3	修改栏杆扶手	能熟练修改栏杆扶手	□是 □否

五、课后作业

根据图 B-1-135 中给定的尺寸绘制楼梯，墙体楼层板不作要求。

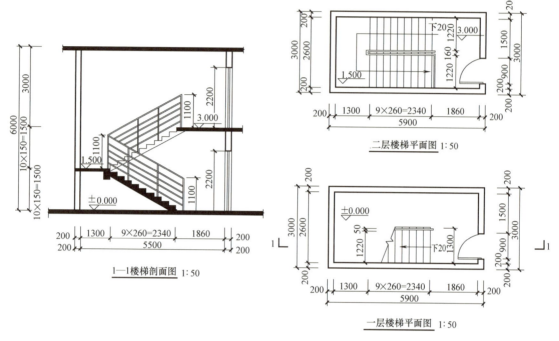

图 B-1-135　楼梯图

> **德育链接**
>
> ### 泰山最险的景观
>
> 　　如今的泰山是我国风景名胜，很多游客到山东旅游的目的就是体验一下"登泰山而小天下"的感觉。都说华山天险，其实泰山也有险峻的地方，那就是十八盘。泰山陡峭的山路，是为了顺应地形方便建设的，同时也让我们体会到建设过程中挑山工的辛苦。泰山挑山工一次要挑 100 多斤的担子，走 7km 多的陡峭山路，他们埋头苦干、勇挑重担、永不懈怠、一往无前，是我们学习的榜样。
>
> 　　**德育提示**：加强自身自主学习、爱岗敬业、吃苦耐劳的精神和团队协作意识。

职业能力 B-1-8　能正确创建坡道、散水、台阶

一、核心概念

1. 坡道：坡道是一种均匀倾斜的走道或车道，由梯段、平台、栏杆扶手组成，梯段有一定的坡度。

2. 散水：散水是为了保护建筑物墙基不受雨水侵蚀，常在外墙四周将地面做成向外倾斜的坡面，以便将屋面的雨水排至远处，具有一定的宽度和坡度。

3. 台阶：台阶一般是指用砖、石、混凝土等筑成的一级一级供人上下的建筑物，多在室外大门处，由平台、踏步组成。

二、学习目标

1. 能正确识读建筑施工图上与坡道、散水、台阶有关的信息，如长度、宽度、高度及平面位置等。

2. 能新建坡道、散水、台阶，并正确输入其属性信息。

3. 能正确绘制坡道、散水、台阶。

三、基本知识

（一）图纸信息

坡道、散水、台阶信息：首层平面图、建筑设计说明、节点详图等。

（二）创建坡道、散水、台阶的主要命令

1. 通过"坡道"命令，可创建坡道。

2. 通过"墙：饰条"命令，可创建散水。

3. 通过"内建体量"命令，可创建台阶。

（三）坡道、散水、台阶的创建流程

1. 坡道的创建流程：定义坡道构件→绘制坡道草图→修改坡道栏杆。

2. 散水的创建流程：创建散水截面→载入到"墙：饰条"→单击墙体进行布置。

3. 台阶的创建流程：内建体量→绘制轮廓→创建形状。

四、能力训练

（一）操作条件

××人民法庭办公楼的建施04、08、11；Revit软件。

（二）操作效果（图B-1-136~图B-1-138）

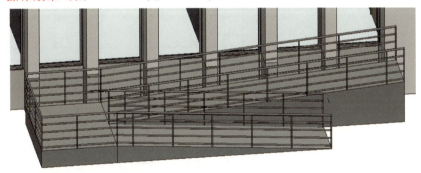

图 B-1-136　坡道效果图

图 B-1-137　散水效果图

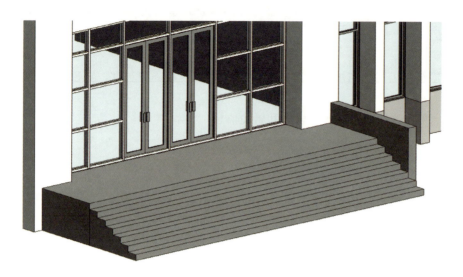

创建坡道、散水、台阶

图 B-1-138　台阶效果图

（三）操作过程（表 B-1-15）

表 B-1-15　创建坡道、散水、台阶的操作过程

序号	步骤	操作方法及说明
1	创建坡道	（1）在"项目浏览器"中切换至首层平面图，即标高 1 平面，如图 B-1-139 所示。 图 B-1-139　标高 1 平面 （2）单击"建筑"选项卡，在"楼梯坡道"面板中单击"坡道"，进入坡道的绘制界面，如图 B-1-140 所示。 图 B-1-140　选择"坡道"

（续）

序号	步骤	操作方法及说明
1	创建坡道	（3）在"属性"面板中单击"编辑类型"，在弹出的"类型属性"窗口中，将"构造"栏的"造型"修改为"实体"；根据图纸，将"尺寸标注"栏的"坡道最大坡度（1/X）"修改为"12.000000"，单击"确定"，如图 B-1-141 所示。  图 B-1-141　坡道类型编辑 （4）在"属性"面板中的"约束"栏下修改"底部标高"和"顶部标高"，在"尺寸标注"栏下根据图纸修改坡道的宽度为"1350.0"，如图 B-1-142 所示。  图 B-1-142　坡道属性 （5）根据图纸确定坡道的平面位置，单击"修改|创建坡道草图"选项卡，在"绘制"面板中单击"梯段"及"直线"命令，绘制坡道，如图 B-1-143 所示。 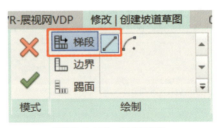 图 B-1-143　绘制坡道 ①先从右向左，绘制室外地坪至 -0.600 处坡道梯段，如图 B-1-144 所示。 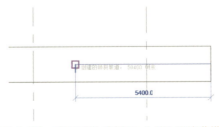 图 B-1-144　绘制室外地坪至 -0.600 处坡道梯段

(续)

序号	步骤	操作方法及说明
1	创建坡道	②再从左向右,绘制 -0.600 至 ±0.000 处坡道梯段,如图 B-1-145 所示。 ③软件在两个坡道梯段之间,会自动形成一个坡道平台,如图 B-1-146 所示。 (6)选中坡道的平台边,将其拖动至正确的平面位置处,完成后单击"√"完成坡道的绘制,如图 B-1-147 所示。
2	创建散水	(1)单击"文件"选项卡,选择"新建"面板中的"族"命令,如图 B-1-148 所示。 (2)选择"新族-选择样板文件"窗口中的"公制轮廓-主体.rft",单击"打开",软件自动跳转至绘制族的界面,如图 B-1-149 所示。

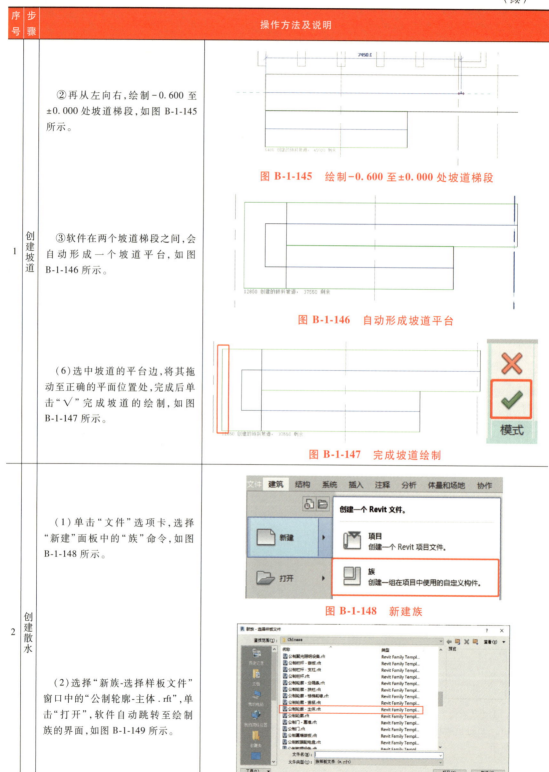

图 B-1-145　绘制 -0.600 至 ±0.000 处坡道梯段

图 B-1-146　自动形成坡道平台

图 B-1-147　完成坡道绘制

图 B-1-148　新建族

图 B-1-149　选择"公制轮廓-主体.rft"

(续)

序号	步骤	操作方法及说明
2	创建散水	（3）单击"创建"选项卡，在"详图"面板中单击"线"，如图 B-1-150 所示。  图 B-1-150　选择"线" （4）在"修改|放置 线"选项卡中，单击"绘制"面板的"直线"命令，根据图纸，将散水的截面轮廓绘制出来，如图 B-1-151 所示。 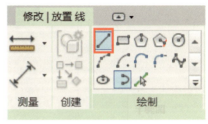 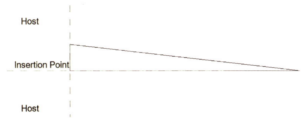 图 B-1-151　绘制散水截面轮廓 （5）绘制完成后，单击"修改|放置 线"选项卡，在"族编辑器"中单击"载入到项目并关闭"。在弹出的"载入到项目中"窗口中，勾选需要载入散水轮廓的项目，单击"确定"，如图 B-1-152 所示。   图 B-1-152　将族载入到项目 （6）在弹出的"保存文件"窗口中选择"是"，弹出"另存为"窗口，将其"文件名"改为"散水"，单击"保存"，如图 B-1-153 所示。  图 B-1-153　保存族

（续）

序号	步骤	操作方法及说明
2	创建散水	(7) 返回至"项目"中，切换至三维视图，如图 B-1-154 所示。 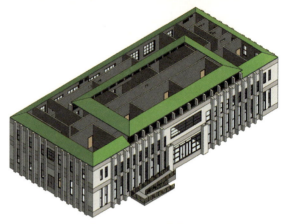 图 B-1-154　三维视图 (8) 单击"建筑"选项卡，选择"墙"下拉菜单中的"墙：饰条"命令，如图 B-1-155 所示。 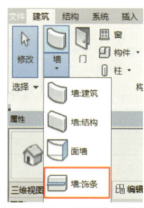 图 B-1-155　选择"墙：饰条" (9) 在"属性"面板中点击"编辑类型"，在弹出的"类型属性"窗口中，将"构造"栏的"轮廓"修改为"散水：散水"，将"材质和装饰"栏的"材质"修改为"混凝土"，单击"确定"，如图 B-1-156 所示。 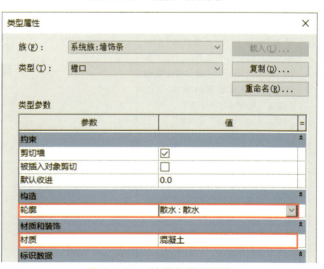 图 B-1-156　墙饰条类型属性

（续）

序号	步骤	操作方法及说明	
2	创建散水	（10）单击首层墙体墙脚处，软件将自动绘制散水，如图 B-1-157 所示。	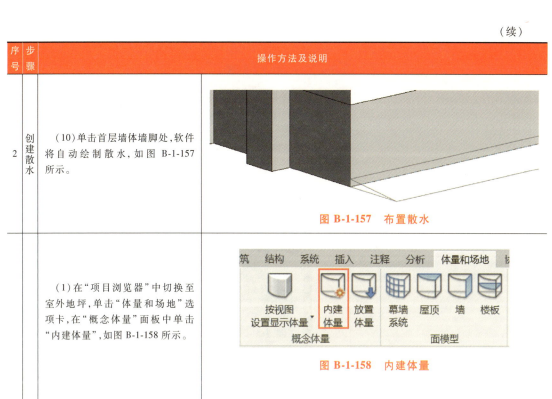 图 B-1-157　布置散水
3	创建台阶	（1）在"项目浏览器"中切换至室外地坪，单击"体量和场地"选项卡，在"概念体量"面板中单击"内建体量"，如图 B-1-158 所示。	图 B-1-158　内建体量
		（2）在弹出的"名称"窗口中输入"台阶1"，单击"确定"，软件自动跳转至体量建立界面，如图 B-1-159 所示。	 图 B-1-159　修改体量名称
		（3）单击"修改"选项卡，在"绘制"面板中选择"模型"及"直线"命令，绘制出台阶的平台部分，如图 B-1-160 所示。	 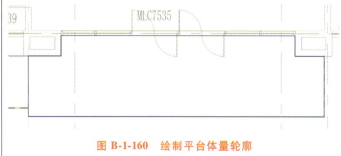 图 B-1-160　绘制平台体量轮廓

(续)

序号	步骤	操作方法及说明
3	创建台阶	 （4）单击"修改|放置 线"选项卡，在"形状"面板中单击"创建形状"，将绘制出来的平面形状进行拉伸，同时可以切换至"三维视图"进行观察，如图B-1-161所示。 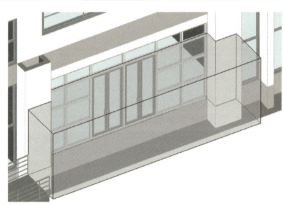 图 B-1-161　创建平台体量形状 （5）通过三维观察发现台阶平台的高度与图纸不相符，则： ①将光标移到平台顶面的任意一条边上，按<Tab>键切换至台阶平台的上表面，单击，则选中台阶平台的上表面，如图B-1-162所示。 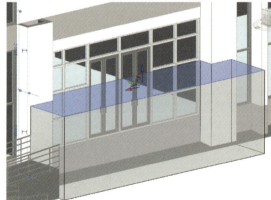 图 B-1-162　选择平台体量平面 ②通过修改尺寸标注，修改台阶平台的高度为"1050.0"，如图B-1-163所示。 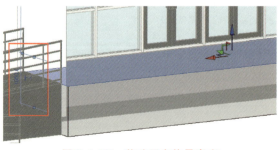 图 B-1-163　修改平台体量高度

（续）

序号	步骤	操作方法及说明	
3	创建台阶	（6）切换至南立面图，单击"修改"选项卡，在"绘制"面板中选择"模型"及"直线"命令，在弹出的"工作平面"窗口中选择"拾取一个平面"，单击"确定"。单击台阶平台的右侧表面，软件会自动弹出"转到视图"窗口。选择"立面：东"后单击"打开视图"，软件将自动跳转至东立面，如图 B-1-164 所示。	 图 B-1-164　切换平台体量视图
		（7）在"修改|放置 线"选项卡的"绘制"面板中，选择"模型"及"直线"命令，在相应位置将台阶踏步的轮廓绘制出来。需要注意的是，绘制出来的轮廓必须是封闭的，如图 B-1-165 所示。	 图 B-1-165　绘制台阶踏步轮廓
		（8）将光标放置在绘制好的轮廓线上，轮廓线高亮显示时，单击选中轮廓，在"修改|放置 线"选项卡中选择"创建形状"，将台阶轮廓变为实体，如图 B-1-166 所示。	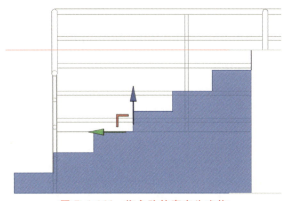 图 B-1-166　将台阶轮廓变为实体
		（9）切换至"三维视图"观察，发现台阶的位置和长度与图纸不符。将光标放置到台阶的右侧边线上，按<Tab>键切换选择至台阶踏步右侧表面后，单击选中，如图 B-1-167 所示。	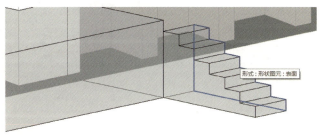 图 B-1-167　选择台阶踏步右侧表面

（续）

序号	步骤	操作方法及说明
3	创建台阶	（10）拉伸图中红色箭头，将台阶踏步的右表面进行拉伸。选择红色箭头，长按鼠标右键，将红色箭头拖动到合适位置后再放开鼠标右键，此时台阶踏步绘制完成，如图 B-1-168 所示。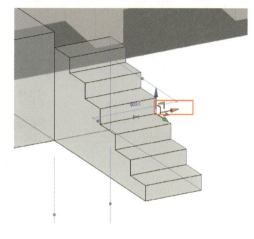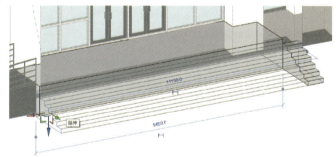图 B-1-168　台阶踏步绘制完成 （11）此时，台阶平台和台阶踏步为两个图元。单击"修改"选项卡，在"几何图形"面板中单击"连接"，再分别单击台阶踏步和台阶平台，则两者合并为一个图元，如图 B-1-169 所示。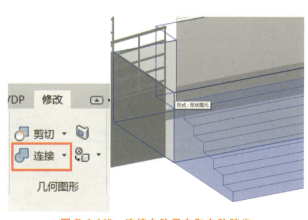图 B-1-169　连接台阶平台和台阶踏步

（续）

序号	步骤	操作方法及说明
3	创建台阶	（12）选中整个台阶，在"属性"面板中的"材质和装饰"一栏，将"材质"修改为"混凝土"。修改完成后，单击"修改"选项卡，在"在位编辑器"面板中单击"完成体量"，软件自动跳转回项目界面，如图 B-1-170 所示。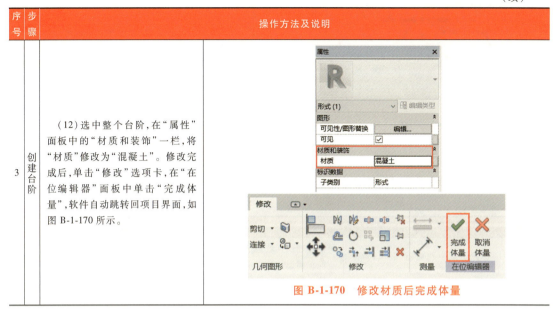 图 B-1-170　修改材质后完成体量

 问题情境一

如何在绘制图形时准确定位图形位置？

操作方法：单击"建筑"选项卡，在"工作平面"面板中，选择"参照 平面"，如图 B-1-171 所示。"参照平面"可以作为定位线，也可以作为参照使用，且绘制后不会形成实体模型。

 问题情境二

关闭项目后重新打开时，看不到之前绘制的"体量模型"应该怎么办？

操作方法：在"属性"面板中的"可见性/图形替换"一栏单击"编辑"，在弹出的"楼层平面：0 的可见性/图形转换"窗口中勾选"体量"，单击"确定"即可，如图 B-1-172、图 B-1-173 所示。

图 B-1-171　参照平面

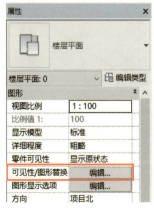

图 B-1-172　可见性/图形替换

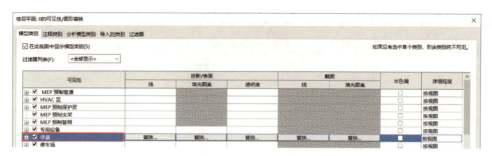

图 B-1-173　勾选"体量"

（四）学习结果评价（表 B-1-16）

表 B-1-16　创建坡道、散水、台阶学习结果评价表

序号	评价内容	评价标准	评价结果（是/否）
1	识读图纸中的坡道、散水、台阶信息	能正确识读坡道信息 能正确识读散水信息 能正确识读台阶信息	□是　□否 □是　□否 □是　□否
2	掌握坡道绘制	能熟练绘制坡道草图 能熟练完成坡道的属性修改	□是　□否 □是　□否
3	掌握散水绘制	能掌握内建模型的绘制 能掌握"墙:饰条"命令	□是　□否 □是　□否
4	掌握台阶绘制	能掌握内建体量的绘制	□是　□否

五、课后作业

按照图 B-1-174 给定的尺寸，采用内建体量命令绘制下列图形。

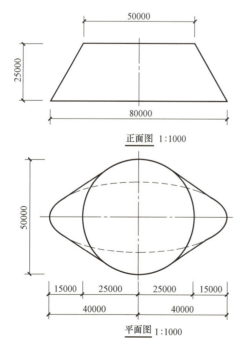

图 B-1-174　形体的各面尺寸

> **德育链接**
>
> **无障碍设计**
>
> 　　20世纪初期，由于人道主义的呼唤，建筑学界产生了一种新的建筑设计方法——无障碍设计。它运用现代技术建设和改造环境，为广大残疾人提供行动方便和安全空间，创造一个平等参与的环境。我国最早提出无障碍设施建设是在1985年3月，当时中国残疾人福利基金会、北京市残疾人协会、北京市建筑设计院联合在北京召开了残疾人与社会环境研究会，发出了为残疾人创造便利生活环境的倡议。同年4月，在中华人民共和国第六届全国人民代表大会第三次会议和中国人民政治协商会议第六届全国委员会第三次会议上，部分人大代表、政协委员提出了为残疾人需求的特殊设置建设的提案和建议。1986年7月，建设部、民政部、中国残疾人福利基金会共同编制了《方便残疾人使用的城市道路和建筑物设计规范》，1989年颁布实施。
>
> 　　**德育提示：**增强自身"赠人玫瑰，手留余香"、乐于助人的社会责任意识。

工作任务 B-2　BIM 结构模型设计

职业能力 B-2-1　能正确创建结构柱

一、核心概念

1. 结构柱的基本知识：结构柱是建筑物中垂直的主要结构构件，用于承托其上方构件的重量，一般作为梁的支座，常用材料为混凝土。

2. 结构柱的种类：框架柱、构造柱、梯柱、端柱、暗柱等。

3. 结构柱的三维建模：利用 Revit 软件中的"结构柱""编辑类型""对齐"命令，实现结构柱的三维建模。

二、学习目标

1. 能正确识读结构施工图上与结构柱有关的信息，如柱的截面尺寸、标高、平面位置等；

2. 能新建结构柱，并正确输入其属性信息。

3. 能正确绘制结构柱。

三、基本知识

（一）图纸信息

1. 结构柱高度信息：一层柱高为 4.8m，二层柱高为 4.55~4.85m。

2. 结构柱材质信息：混凝土，强度等级 C30。

（二）结构柱创建的主要命令

1. 通过"柱：结构柱"命令，可创建结构柱。

2. 通过"对齐"命令，可修改结构柱位置。

3. 通过"复制"命令，可布置同类型、同名称的结构柱。

(三) 结构柱模型创建流程

结构柱模型创建流程：定义结构柱构件→布置一层结构柱→位置修改→布置二层结构柱。

四、能力训练

(一) 操作条件

××人民法庭办公楼的结施 01、07~09；Revit 软件。

(二) 操作效果（图 B-2-1）

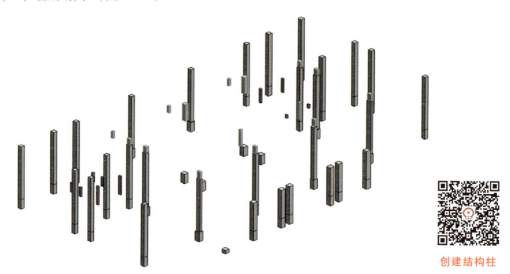

创建结构柱

图 B-2-1　结构柱效果图

(三) 操作过程（表 B-2-1）

表 B-2-1　创建结构柱的操作过程

序号	步骤	操作方法及说明
1	建立一层结构柱	(1) 在左侧"项目浏览器"中双击"结构平面"，再双击"-0.05"，如图 B-2-2 所示。 图 B-2-2　-0.05 结构平面 (2) 单击"结构"选项卡，在"结构"面板中单击"柱"命令，如图 B-2-3 所示。 图 B-2-3　选择"柱"

（续）

序号	步骤	操作方法及说明
1	建立一层结构柱	（3）单击"属性"面板中的"编辑类型"，在弹出的"类型属性"窗口中单击"复制"按钮，弹出"名称"窗口。输入结构柱名称，如"KZ1-1"，修改尺寸标注，将柱子的截面宽和高分别输入到"b""h"，最后单击"确定"，如图 B-2-4 所示。 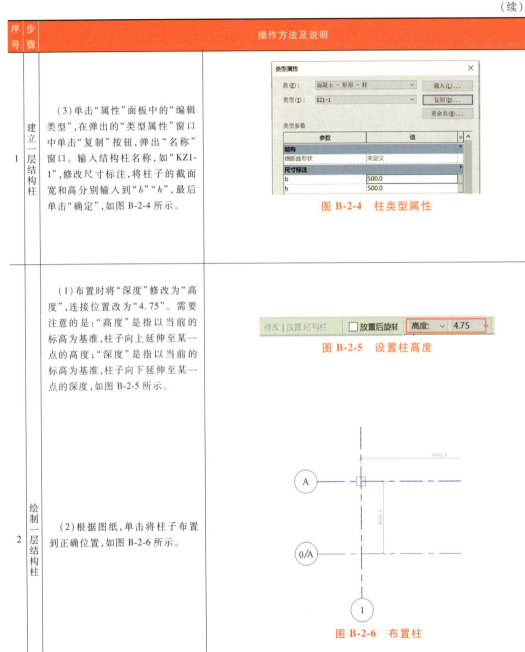 图 B-2-4 柱类型属性
2	绘制一层结构柱	（1）布置时将"深度"修改为"高度"，连接位置改为"4.75"。需要注意的是："高度"是指以当前的标高为基准，柱子向上延伸至某一点的高度；"深度"是指以当前的标高为基准，柱子向下延伸至某一点的深度，如图 B-2-5 所示。 图 B-2-5 设置柱高度 （2）根据图纸，单击将柱子布置到正确位置，如图 B-2-6 所示。 图 B-2-6 布置柱 （3）单击"修改|结构柱"选项卡，在"修改"面板中单击"对齐""移动"等命令设置结构柱的偏心，如图 B-2-7 所示。  图 B-2-7 单击"对齐""移动"命令

(续)

序号	步骤	操作方法及说明
2	绘制一层结构柱	（4）用上述方法，绘制一层所有的结构柱，如图 B-2-8 所示。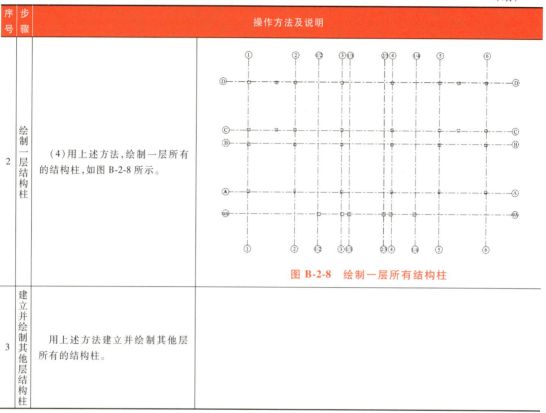 图 B-2-8　绘制一层所有结构柱
3	建立并绘制其他层结构柱	用上述方法建立并绘制其他层所有的结构柱。

 问题情境一

结构柱与建筑柱有何区别？

定义：软件中分别设置了"结构柱"和"柱：建筑"两种柱子类型，如图 B-2-9 所示。"结构柱"一般指框架结构中用于承重的柱子；"建筑柱"一般指不承重、仅用于装饰的柱子。在软件中，"结构柱"不会被墙包络，但"建筑柱"则会与墙体融为一体。

 问题情境二

如何快速绘制结构柱？

操作方法：单击"修改|放置结构柱"选项卡，在"多个"面板中单击"在轴网处"命令，框选轴网，即可在轴网与轴网的交接处生成结构柱，如图 B-2-10 所示。

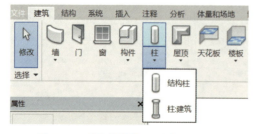

图 B-2-9　"结构柱"和"柱：建筑"

图 B-2-10　"在轴网处"快速布置命令

问题情境三

如何绘制斜柱？

操作方法：在编辑柱子的属性后，单击"修改|放置 结构柱"选项卡，在"放置"面板中单击"斜柱"命令，如图 B-2-11 所示。

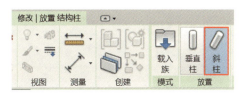

图 B-2-11 "斜柱"命令

分别设置选项栏中"第一次单击"和"第二次单击"的标高。在平面上先单击柱底位置，再单击柱顶位置，即完成斜柱的绘制，如图 B-2-12 所示。

图 B-2-12 斜柱绘制

（四）学习结果评价（表 B-2-2）

表 B-2-2 创建结构柱学习结果评价表

序号	评价内容	评价标准	评价结果（是/否）
1	识读图纸中柱的截面尺寸、标高、平面位置等信息	能正确识读柱的截面尺寸 能正确识读柱的标高 能正确识读柱的材质 能正确识读柱的平面位置	□是 □否 □是 □否 □是 □否 □是 □否
2	掌握"柱:结构柱""对齐""复制"等命令	能熟练运用"柱:结构柱"命令创建结构柱 能熟练运用"对齐"命令调整结构柱位置 能熟练运用"复制"命令复制结构柱	□是 □否 □是 □否 □是 □否
3	修改结构柱的截面尺寸、高度	能修改结构柱截面尺寸 能修改结构柱高度	□是 □否 □是 □否

五、课后作业

新建项目文件，按照图 B-2-13 所示创建某工程的首层结构柱模型，其中层高为 3.6m。

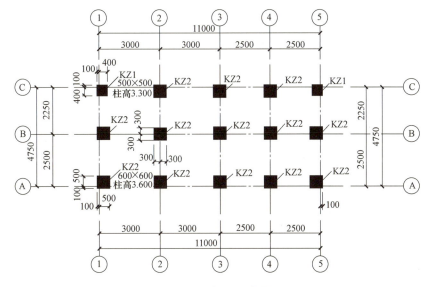

图 B-2-13 柱平面布置图

> **德育链接**
>
> **美国公寓坍塌事件**
>
> 1973年3月2日,美国弗吉尼亚州地平线广场公寓楼群的一座公寓发生坍塌,形成巨大的尘土和碎片云。这起事故共造成14名建筑工人死亡,34人受伤。该项目虽然在设计上并不存在缺陷,但施工时存在重大失误。当时,施工方过早拆除22层混凝土支柱的模板,水泥尚未完全硬化,无法支撑上面楼层的重量,最后土崩瓦解,上面的楼层随之倒塌并引发连锁反应,导致整座大楼完全坍塌。
>
> **德育提示**:不断提升自我,以具有良好的职业道德和严谨的职业态度。

职业能力 B-2-2　能正确创建梁

一、核心概念

1. 梁的基本知识:由支座(柱或者剪力墙)支撑,承受的外力以横向力和剪力为主,以弯曲为主要变形的构件称为梁。梁一般作为板的支座,常用材料为混凝土。

2. 梁的种类:框架梁、非框架梁、地梁、连梁、暗梁等。

3. 梁的三维建模:利用Revit软件中的"梁""编辑类型""直线"等命令,实现梁的三维建模。

二、学习目标

1. 能正确识读结构施工图上与梁有关的信息,如梁的截面尺寸、标高、平面位置等。

2. 能新建梁,并正确输入其属性信息。

3. 能正确绘制梁。

三、基本知识

(一) 图纸信息

1. 梁截面信息:根据各层梁配筋图中的集中标注和原位标注获得梁截面信息。

2. 结构梁材质信息:混凝土,强度等级C30。

(二) 梁创建的主要命令

1. 通过"梁"命令,可创建结构梁。

2. 通过"直线"命令,可绘制主次梁。

3. 通过"对齐"命令,可修改主次梁位置。

4. 通过"复制"命令,可绘制其他层主次梁。

(三) 梁模型创建流程

梁模型创建流程:定义结构梁构件→布置一层结构梁→位置修改→布置二层结构梁。

四、能力训练

(一) 操作条件

××人民法庭办公楼的结施01、11、13、15、17、18;Revit软件。

(二)操作效果(图 B-2-14)

创建梁

图 B-2-14 结构梁效果图

(三)操作过程(表 B-2-3)

表 B-2-3 创建梁的操作过程

序号	步骤	操作方法及说明
1	建立 4.75m 结构梁	(1)在"项目浏览器"中,双击"结构平面",再双击"4.75",如图 B-2-15 所示。 (2)单击"结构"选项卡,在"结构"面板中单击"梁"命令,如图 B-2-16 所示。 (3)单击"属性"面板中的"编辑类型"。在弹出的"类型属性"窗口中单击"载入"按钮,载入族库。 (4)在弹出的"族库"窗口中,依次选择"结构"→"框架"→"混凝土"→"混凝土-矩形梁.rfa"族文件,如图 B-2-17 所示。 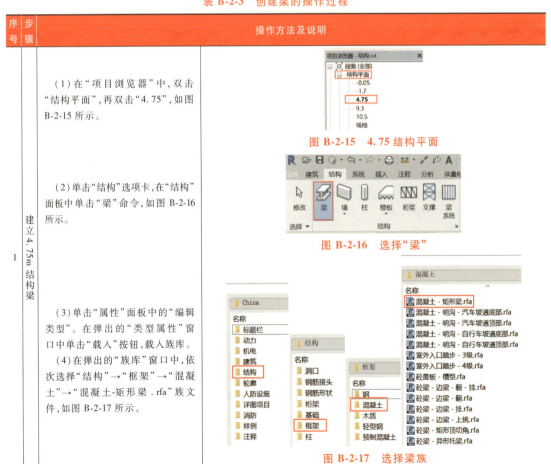 图 B-2-15 4.75 结构平面 图 B-2-16 选择"梁" 图 B-2-17 选择梁族

（续）

序号	步骤	操作方法及说明
1	建立4.75m结构梁	（5）单击"属性"面板中的"编辑类型"。在弹出的"类型属性"窗口中，以梁的截面尺寸命名"类型"。修改尺寸标注，将图纸中的梁宽和梁高分别输入"b"和"h"中，如图B-2-18所示。 图 B-2-18 梁的类型属性
2	绘制4.75m结构梁构件	（1）绘制梁前，先在"放置平面"核对梁顶标高，再勾选"链"前的复选框，可实现绘制一段梁后，连续绘制下一段梁，如图B-2-19所示。 图 B-2-19 核对梁顶标高并勾选"链" （2）单击"修改|放置 梁"选项卡，在"绘制"面板中，选择"线"等命令，将梁布置到正确位置，如图B-2-20所示。 图 B-2-20 布置梁 （3）单击"修改|放置 梁"选项卡，在"修改"面板中，单击"对齐""移动"等命令设置梁的偏心，如图B-2-21所示。 图 B-2-21 设置梁的偏心 （4）用上述方法，绘制4.75m标高处所有的结构梁，如图B-2-22所示。 图 B-2-22 梁平面图

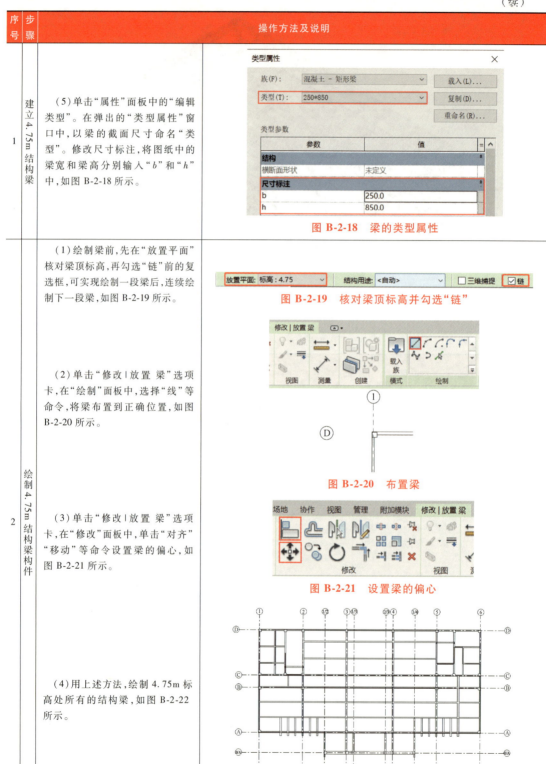

（续）

序号	步骤	操作方法及说明
3	建立并绘制其他层结构梁	用上述方法建立并绘制其他层所有的结构梁。

 问题情境一

如何修改个别梁的标高？

操作方法：当梁绘制完成后，选择需要修改标高的梁，在"属性"面板中修改"起点标高偏移"和"终点标高偏移"的数据，如图 B-2-23 所示。

 问题情境二

如何快速布置梁？

操作方法：单击"修改|放置 梁"选项卡，在"多个"面板中单击"在轴网上"命令，框选轴网，即可在轴网与轴网的交接处生成结构梁，如图 B-2-24 所示。

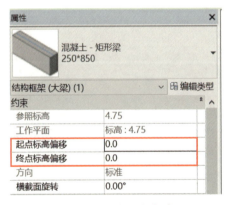

图 B-2-23　修改梁标高

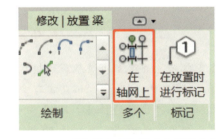

图 B-2-24　"在轴网上"快速布置梁命令

（四）学习结果评价（表 B-2-4）

表 B-2-4　创建梁学习结果评价表

序号	评价内容	评价标准	评价结果（是/否）
1	识读图纸中梁的截面尺寸、标高、平面位置等信息	能正确识读梁的截面尺寸	□是 □否
		能正确识读梁的标高	□是 □否
		能正确识读梁的材质	□是 □否
		能正确识读梁的平面位置	□是 □否
2	掌握"梁""对齐""复制"等命令	能熟练运用"梁"命令创建结构梁	□是 □否
		能熟练运用"对齐"命令调整结构梁位置	□是 □否
		能熟练运用"复制"命令复制结构梁	□是 □否

(续)

序号	评价内容	评价标准	评价结果(是/否)
3	修改结构梁的截面尺寸、标高	能修改结构梁的截面尺寸	□是 □否
		能修改结构梁的标高	□是 □否

五、课后作业

新建项目文件，按照图 B-2-13 和图 B-2-25，创建某工程的首层结构梁模型。

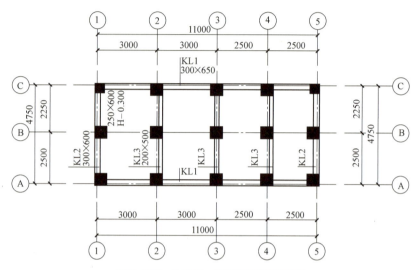

图 B-2-25　3.600m 有梁板平面布置图

德育链接

一栋建筑物的意外"死亡"

黑龙江省齐齐哈尔市造纸厂陶粒车间，该工程为6层装配式框架结构，长19.2m，柱距4.8m，跨度9m，高20.8m。该工程的设计只考虑了常规情况，对施工单位没有提出在施工过程中保持稳定的措施。1983年4月29日上午，突然发生历史上罕见的九级暴风雪，整个框架结构倒塌，损坏柱10根、大梁34根、屋面板40块。该工程虽然由具有相应资质的设计院负责设计，但设计人员只计算了建成后的结构安全，没有考虑在施工过程中，当梁、柱尚未牢固连接的情况下，在水平力作用下可能会发生失稳倒塌的隐患。这次事故造成重大经济损失，幸未造成人员伤亡。

德育提示：在日常工作与学习中，保持严谨的职业态度和大局意识。

职业能力 B-2-3　能正确创建板

一、核心概念

1. 板的基本知识：由支座（梁或剪力墙）支撑，承受的外力以横向力和剪切力为主，以弯曲为主要变形的构件称为板，常用材料为混凝土。

2. 板的类型及设计表现：板的类型一般有梁板和平板，设计表现从内向外依次为结构层、找平层、面层、装饰层等。

3. 板的三维建模：利用Revit软件中的"板""编辑类型""矩形"等命令，实现板的三维建模。

二、学习目标

1. 能正确识读结构施工图上与板有关的信息，如板的厚度、标高、平面位置等。
2. 能新建板，并正确输入其属性信息。
3. 能正确绘制板。

三、基本知识

（一）图纸信息

1. 板厚信息：根据各层板配筋图获得板厚信息。
2. 板材质信息：混凝土，强度等级C30。

（二）板创建的主要命令

1. 通过"板"命令，可创建板。
2. 通过"矩形"命令，可绘制首层板。
3. 通过"复制"命令，可绘制其他层板。

（三）板模型创建流程

板模型创建流程：定义板构件→布置首层板→修改位置→布置二层板。

四、能力训练

（一）操作条件

××人民法庭办公楼结施01、10、12、14、16、18；Revit软件。

（二）操作效果（图B-2-26）

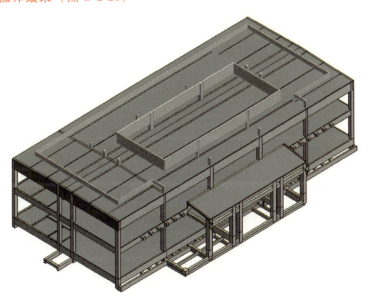

创建板

图 B-2-26　板效果图

（三）操作过程（表 B-2-5）

表 B-2-5　创建板的操作过程

序号	步骤	操作方法及说明	
1	建立一层楼板构件	（1）在"项目浏览器"中双击"结构平面"，再双击"4.75"，如图 B-2-27 所示。 （2）单击"结构"选项卡，在"结构"面板中单击"楼板"命令，选择下拉菜单中的"楼板:结构"，如图 B-2-28 所示。 （3）单击"属性"面板中的"编辑类型"。在弹出的"类型属性"窗口中，选择"复制"后对楼板进行"重命名"，如图 B-2-29 所示。	 图 B-2-27　4.75 结构平面 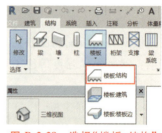 图 B-2-28　选择"楼板:结构"  图 B-2-29　板类型属性
2	编辑一层楼板构件	（1）单击"类型参数"中"结构"右边的"编辑"按钮，如图 B-2-30 所示。 （2）在弹出的"编辑部件"窗口中，将"结构[1]"的"厚度"改为"120.0"，如图 B-2-31 所示。	 图 B-2-30　板类型参数 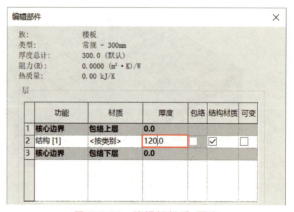 图 B-2-31　编辑板材质、厚度

（续）

序号	步骤	操作方法及说明
2	编辑一层楼板构件	（3）根据图纸，对板的结构进行设置，包括每一层的"功能""材质""厚度"，如结构层、找平层、面层等（方法同墙体），完成后单击"确定"，完成类型编辑。 如对结构层进行设置：单击"结构[1]"的"材质"栏，弹出"材质浏览器"。在搜索栏中输入"混凝土"后按<Enter>键，则可搜索到"混凝土,现场浇筑-C30"一栏。单击此栏，再单击"确定"，如图 B-2-32 所示。 图 B-2-32　选择材质
3	绘制一层楼板构件	单击"修改｜创建楼层边界"选项卡，在"绘制"面板中单击"线""矩形"等命令，绘制楼板边界。绘制完毕后，在"模式"面板中选择"√"命令，结束绘制，如图 B-2-33 所示。 图 B-2-33　绘制板草图
4	绘制竖井	（1）楼梯井及其他出现板洞处，需要采用"竖井"命令绘制洞口。单击"结构"选项卡"洞口"面板中的"竖井"，如图 B-2-34 所示。 图 B-2-34　选择"竖井" （2）在"属性"面板中修改约束信息，"底部约束"和"底部偏移"控制竖井的底标高，"顶部约束""无连接高度"和"顶部偏移"控制竖井的顶标高。如在标高 4.75m 处形成竖井，则按照图 B-2-35 所示输入即可。 图 B-2-35　修改竖井标高

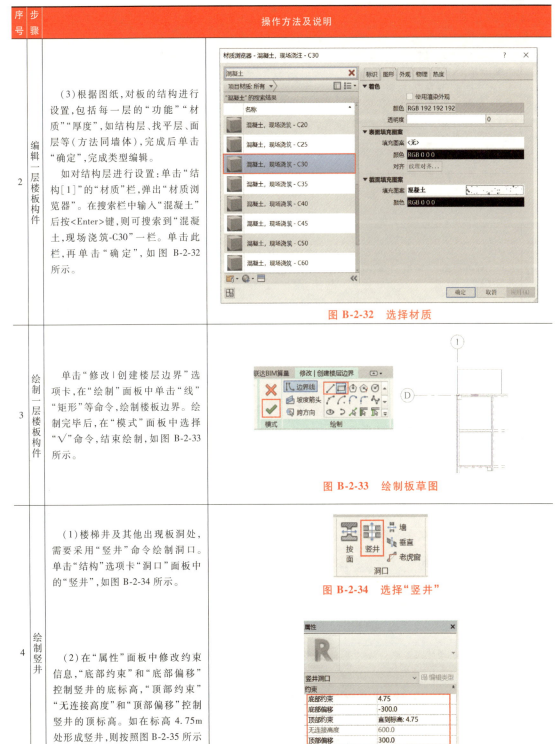

(续)

序号	步骤	操作方法及说明
4	绘制竖井	（3）单击"修改|创建竖井洞口草图"选项卡，在"绘制"面板中单击"线""矩形"等命令，绘制竖井草图。绘制完毕后，在"模式"面板中选择"√"命令，结束绘制，如图B-2-36所示。 图 B-2-36 绘制竖井 （4）需要注意的是，竖井可以剪切所有在约束范围内的板和屋顶，但不会影响楼梯构件。
5	绘制其他层楼板	用上述方法建立、编辑、布置其他层楼板

 问题情境一

如整块楼板的标高不同，应如何修改？

操作方法：绘制完楼板后，选择需要修改的楼板，在"属性"面板中修改"自标高的高度偏移"即可，如图B-2-37所示。

 问题情境二

如何单独修改楼板上一个点的标高？

操作方法：首先单击"修改\|楼板"选项卡，在"形状编辑"面板中单击"添加点"命令，再单击楼板上需要下降的点，如图B-2-38所示。

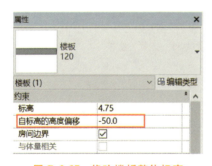

图 B-2-37 修改楼板整体标高

图 B-2-38 "修改子图元"和"添加点"命令

如图B-2-38所示，单击"修改子图元"命令，选择之前的下降点，单击右边的"0"将其修改为需要下降的相对标高，如"-50"，如图B-2-39所示，楼板就会在选择的下降点处下降50mm，最终效果如图B-2-40所示。

-50	
图 B-2-39 设置下降的点标高	图 B-2-40 斜板效果图

（四）学习结果评价（表 B-2-6）

表 B-2-6 创建板学习结果评价表

序号	评价内容	评价标准	评价结果（是/否）
1	识读图纸中的楼板厚度、标高、材质、平面位置等信息	能正确识读楼板的厚度 能正确识读楼板的标高 能正确识读楼板的材质 能正确识读楼板的平面位置	□是 □否 □是 □否 □是 □否 □是 □否
2	掌握"楼板:结构楼板""竖井""修改标高"等命令	能熟练运用"楼板:结构楼板"命令创建结构楼板 能熟练运用"竖井"命令绘制板洞 能熟练运用"修改标高"命令修改楼板标高	□是 □否 □是 □否 □是 □否

五、课后作业

新建项目文件，按照图 B-2-41 给定的尺寸绘制楼板，顶部标高为 3.3m，结构层为 120mm 厚混凝土 C30，面层为 50mm 厚的水泥砂浆。对其进行找坡，并创建直径 70mm 的洞口。

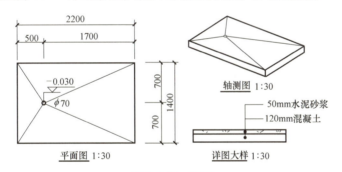

图 B-2-41 板图

德育链接

卫生间防水误区：防水层越高、越厚，效果越好

防水层并非越高越厚防水效果就越好。

1）防水涂料如果刷太厚，很容易造成涂刷不均匀，这样一来，干燥后的凹凸面就会脱层开裂，反而会加快卫生间渗漏，特别是地面与墙面的衔接处、下水管的周围。

2）防水层的高度也不宜刷太高，因为这样不仅浪费防水涂料，还会影响瓷砖的铺贴。瓷砖背面水泥砂浆里的水分本来会渗入墙面变干，但有了防水层后就不容易渗进去，变干速度比较慢，这就会导致墙砖铺贴不易固定，容易引起空鼓、脱落的发生。

德育提示：关注生活中的问题；学以致用，勤于思考。

职业能力 B-2-4　能正确创建基础

一、核心概念

1. 基础的基本知识：基础指建筑底部与地基接触的承重构件，其作用是将建筑上部的荷载传递给地基（土壤或者岩石），常用材料为混凝土。

2. 基础的类型：独立基础、桩承台基础、条形基础、筏板基础等。

3. 基础的三维建模：利用 Revit 软件中的"基础""编辑类型""约束"等命令，实现基础的三维建模。

二、学习目标

1. 能正确识读结构施工图上与基础有关的信息，如基础的类型、尺寸、标高、平面位置等。

2. 能新建基础，并正确输入其属性信息。

3. 能正确绘制基础。

三、基本知识

（一）图纸信息

基础信息：根据承台布置图和承台详图，获得基础的信息。基础材质为混凝土，强度等级 C35。

（二）基础创建的主要命令

1. 通过"独立"命令，可创建基础。

2. 通过单击，可绘置基础。

3. 通过"对齐"命令，可修改基础位置。

（三）基础模型创建流程

基础模型创建流程：定义基础构件→布置基础→修改位置。

四、能力训练

（一）操作条件

××人民法庭办公楼的结施 01、04~06；Revit 软件。

（二）操作效果（图 B-2-42）

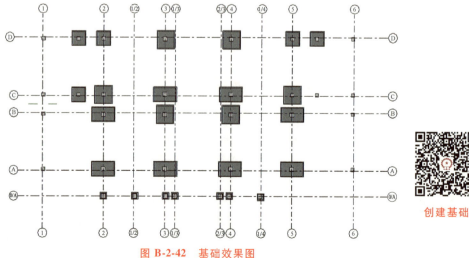

图 B-2-42　基础效果图

创建基础

（三）操作过程（表 B-2-7）

表 B-2-7　创建基础的操作过程

序号	步骤	操作方法及说明
1	建立基础构件	（1）在"项目浏览器"中双击"结构平面"，再双击"-1.7"，如图 B-2-43 所示。 图 B-2-43　-1.7 结构标高 （2）单击"结构"选项卡，在"基础"面板中单击"独立"命令，如图 B-2-44 所示。 图 B-2-44　选择"独立" （3）单击"属性"面板中的"编辑类型"。在弹出的"类型属性"窗口中单击"载入"按钮，载入族库，如图 B-2-45 所示。 图 B-2-45　载入基础族 （4）在族库中选择"结构"→"基础"→"桩帽-矩形.rfa"，单击"打开"命令，如图 B-2-46 所示。 图 B-2-46　选择基础族
2	编辑一层基础构件	（1）在"类型属性"面板中单击"重命名"，将基础的名字与图纸对应，在弹出的"重命名"窗口中输入基础的名字，如"CT-1"，单击"确定"，如图 B-2-47 所示。 图 B-2-47　重命名基础

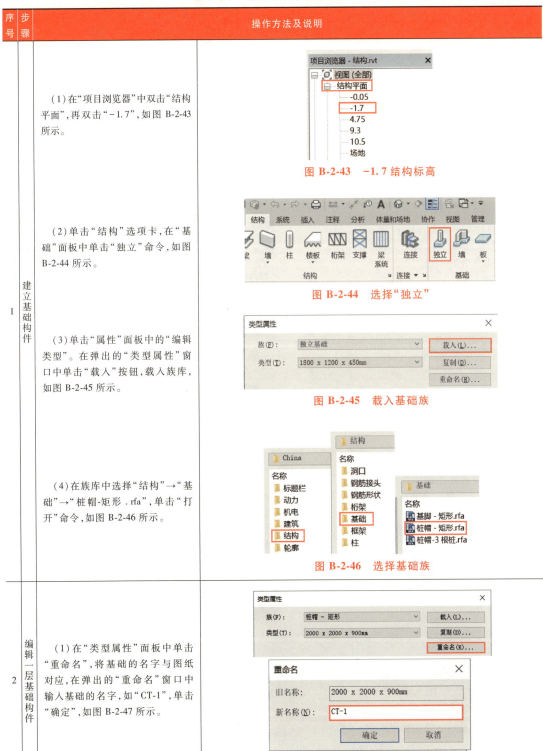

(续)

序号	步骤	操作方法及说明
2	编辑一层基础构件	（2）根据图纸在"类型属性"面板的"类型参数-尺寸标注"中修改数据。以 CT-1 为例，在"宽度"和"长度"处输入"800"，在"基础厚度"处输入"700"。完成后单击"确定"，如图 B-2-48 所示。 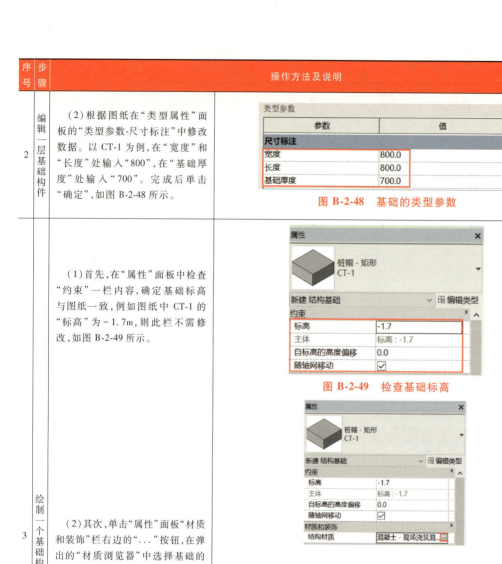 图 B-2-48　基础的类型参数
3	绘制一个基础构件	（1）首先，在"属性"面板中检查"约束"一栏内容，确定基础标高与图纸一致，例如图纸中 CT-1 的"标高"为 -1.7m，则此栏不需修改，如图 B-2-49 所示。 图 B-2-49　检查基础标高 （2）其次，单击"属性"面板"材质和装饰"栏右边的"…"按钮，在弹出的"材质浏览器"中选择基础的材质，如"混凝土，现场浇筑-C35"，单击"确定"，如图 B-2-50 所示。  图 B-2-50　选择基础材质 （3）最后，将光标移动至图纸中基础所在位置，单击即可完成布置。如单击⓪/Ⓐ轴与②轴交界处，则布置完成一个 CT-1，如图 B-2-51 所示。 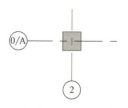 图 B-2-51　布置基础

(续)

序号	步骤	操作方法及说明
4	绘制所有基础构件	完成其他基础的绘制

 问题情境一

如何快速布置基础？

操作方法：单击"修改|放置 独立基础"选项卡，在"多个"面板中单击"在轴网处"或者"在柱处"命令，如图 B-2-52 所示。

 问题情境二

如何绘制条形基础和筏板基础？

操作方法：根据图纸，在"结构"选项卡中，选择"基础"面板的"墙"命令，绘制条形基础，选择"板"命令绘制筏板基础，如图 B-2-53 所示。

图 B-2-52 "在轴网处"布置基础命令　　图 B-2-53 绘制条形基础和筏板基础

（四）学习结果评价（表 B-2-8）

表 B-2-8　创建基础学习结果评价表

序号	评价内容	评价标准	评价结果(是/否)
1	识读图纸中的基础信息	能正确识读基础类型 能正确识读基础所在标高 能正确识读基础的材质 能正确识读基础的尺寸	□是 □否 □是 □否 □是 □否 □是 □否
2	掌握基础的绘制	能正确从族库中载入基础类型 能正确修改基础尺寸 能正确修改基础材质信息	□是 □否 □是 □否 □是 □否

五、课后作业

新建项目文件，按照图 B-2-54 和图 B-2-55 所示，绘制基础平面图，基础底标高为 -2.0m。

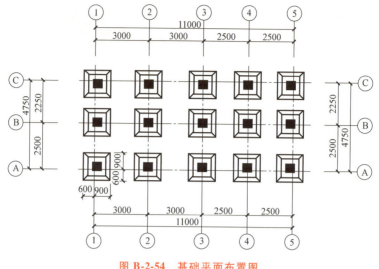

图 B-2-54　基础平面布置图

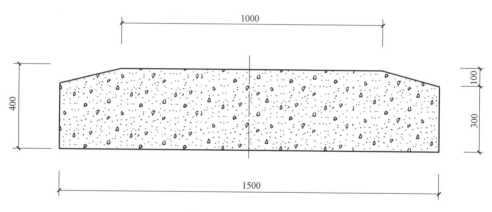

图 B-2-55　基础立面图

德育链接

"楼脆脆"事件

2009 年 6 月 27 日，上海莲花河畔景苑中 1 栋 13 层的在建住宅楼发生了倒塌。和其他倒塌建筑不同，楼房完完整整地倒在了地上，底部原本应该被深深地埋在地下的数十根混凝土管桩整整齐齐地暴露在外面。本次楼房倒塌事件的主要原因是由于短期内堆土过高，同时临近大楼南侧的地下车库正在进行挖掘工作，大楼两侧的压力不平衡产生了水平位移，过大的水平力超过桩基的探测能力。基础是重要的隐蔽工程，工程安全马虎不得，要遵守职业守则，严把质量安全关。

德育提示：树立正确的人生观、价值观；工作中应注重工程质量安全，遵守职业道德操守。

职业能力 B-2-5　能正确创建体量模型

一、核心概念
1. 体量：体量是建筑物在空间上的体积，包括建筑的长度、宽度、高度。
2. 体量的设计表现：体量一般是为了建筑方案设计的，也可以作其他用途，它大大增强了 Revit 建立大曲面模型的能力。
3. 体量的三维建模：利用 Revit 软件中的"内建体量""绘制""创建形状"等命令，实现体量的三维建模。

二、学习目标
能根据图纸正确绘制体量模型。

三、基本知识
（一）图纸信息
1. 桩承台尺寸信息：根据承台布置图获得桩承台尺寸信息。
2. 桩承台材质信息：混凝土，强度等级 C35。

（二）体量创建的主要命令
1. 通过"内建体量"命令，可创建体量。
2. 通过"模型"命令，可绘制体量。
3. 通过"创建形状"命令，可创建实心或者空心形状。

（三）体量模型创建流程
体量模型创建流程：内建体量→绘制体量→布置体量。

四、能力训练
（一）操作条件
××人民法庭办公楼的结施 01、04~06；Revit 软件。

（二）操作效果（图 B-2-56）

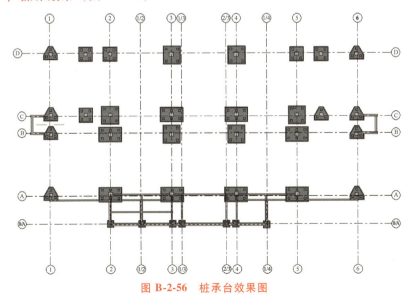

创建体量模型

图 B-2-56　桩承台效果图

（三）操作过程（表 B-2-9）

表 B-2-9　创建体量模型的操作过程

序号	步骤	操作方法及说明
1	新建体量	（1）单击"体量和场地"选项卡，在"概念体量"面板中选择"内建体量"命令，如图 B-2-57 所示。  图 B-2-57　选择"内建体量" （2）以结施 05 中的"CT-3"为例，在弹出的"名称"窗口中，输入"CT-3"，单击"确定"，如图 B-2-58 所示。  图 B-2-58　修改体量名称
2	选择绘制平面	（1）在"项目浏览器-结构.rvt"中单击"立面（建筑立面）"，选择任意立面，如"东"，则绘图界面跳转至东立面，如图 B-2-59 所示。  图 B-2-59　选择立面 （2）在"创建"选项卡中选择"工作平面"面板的"设置"命令，用于设置 CT-3 的参照平面，如图 B-2-60 所示。 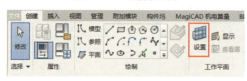 图 B-2-60　创建参照平面 （3）在弹出的"工作平面"窗口中，单击"拾取一个平面"，再单击"确定"，如图 B-2-61 所示。 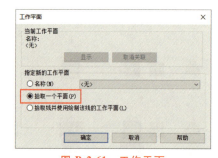 图 B-2-61　工作平面 （4）CT-3 的顶标高为-1.7m，因此选择"-1.700"的标高线，如图 B-2-62 所示。  图 B-2-62　拾取工作平面

(续)

序号	步骤	操作方法及说明
2	选择绘制平面	（5）在弹出的"转到视图"窗口中选择"结构平面:-1.7",单击"打开视图",软件界面自动跳转到"-1.7"的结构平面,如图 B-2-63 所示。 图 B-2-63　切换视图
3	绘制轮廓	（1）单击"创建"选项卡,选择"绘制"面板中的"模型"命令,根据桩承台的形状用"直线"命令,将桩承台的外轮廓绘制出来,如图 B-2-64 所示(可以在任意位置绘制) 图 B-2-64　绘制桩承台的外轮廓 （2）桩承台 CT-3 外轮廓的绘制方法如下: ①在任意位置用"直线"命令绘制一条 1900mm 的水平直线; ②在"偏移"一栏输入偏移量"554.0",把第①步所绘制的直线重描一遍,会出现一条与之平行的直线,两条直线之间的垂直距离为 554mm,如图 B-2-65 所示; ③采用同样的方法绘制第三条水平直线; ④采用同样的方法绘制三条竖向直线; ⑤根据图纸绘制桩承台轮廓,并运用"修改"选项卡"修改"面板中的"修剪""删除"等命令,将多余线条删除,如图 B-2-66 所示。 图 B-2-65　绘制基础体量轮廓 图 B-2-66　删除多余线条
4	创建形状	（1）从右到左框选绘制好的轮廓,在"修改|线"选项卡中,单击"形状"面板中的"创建形状"命令,在其下拉菜单中选择"实心形状",将会形成立体图形,如图 B-2-67 所示。 图 B-2-67　创建实心形状

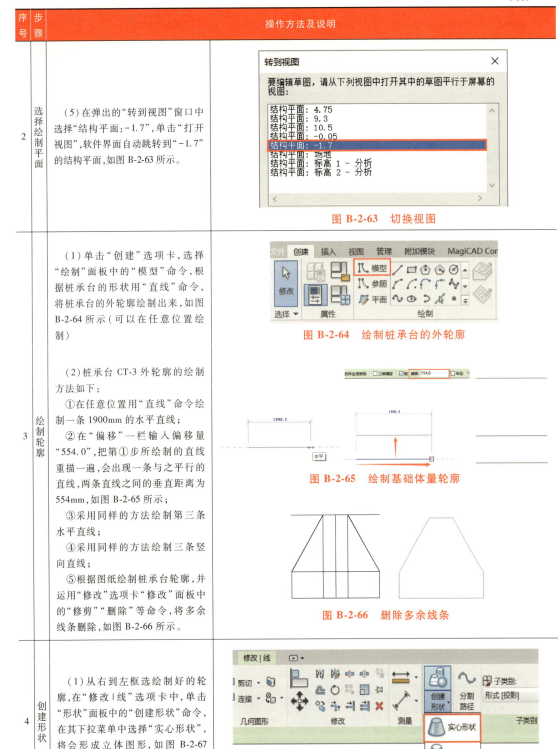

（续）

序号	步骤	操作方法及说明
4	创建形状	（2）单击菜单栏中的"默认三维视图"命令，即可切换至三维效果，如图 B-2-68 所示。 图 B-2-68　三维观察
5	修改高度	（1）将光标放置在 CT-3 的边线上，用<Tab>键切换。当顶面蓝色显示时，用单击选中即可，如图 B-2-69 所示。 图 B-2-69　选择基础体量平面 （2）根据图纸单击原桩承台的高度数据，将其改为"700"，按<Enter>键即可，如图 B-2-70 所示。 图 B-2-70　修改基础体量高度
6	添加材质	选中"CT-3"，在"属性"面板中的"材质和装饰"下，单击"材质"栏右边的"…"，在弹出的"材质浏览器"中，按照图纸修改桩承台的材质，完成后单击"确定"，如图 B-2-71 所示。 图 B-2-71　设置基础体量材质
7	布置体量	（1）在"创建"选项卡中，选择"在位编辑器"面板中的"√完成体量"命令，即可完成桩承台的绘制，如图 B-2-72 所示。 图 B-2-72　完成基础体量绘制

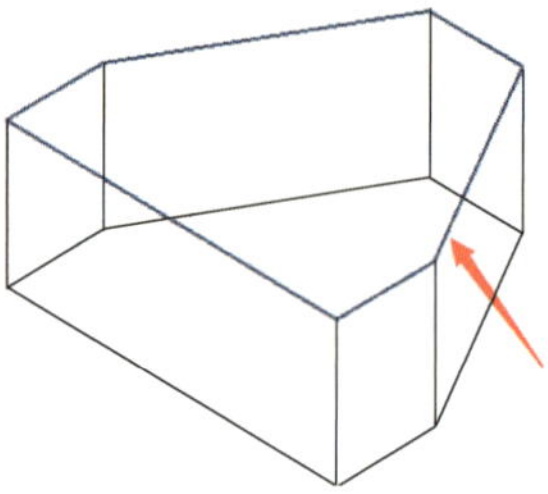

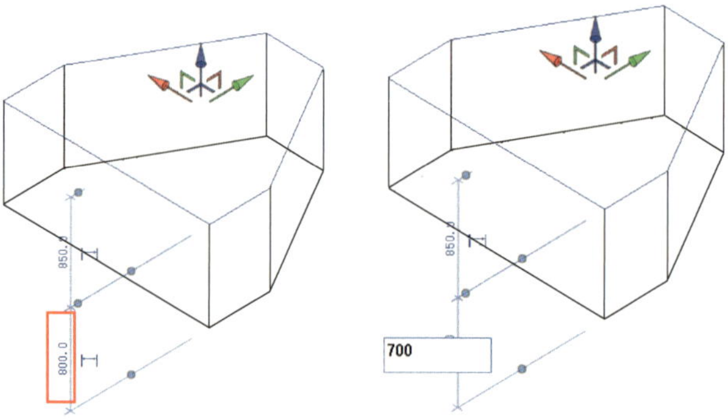

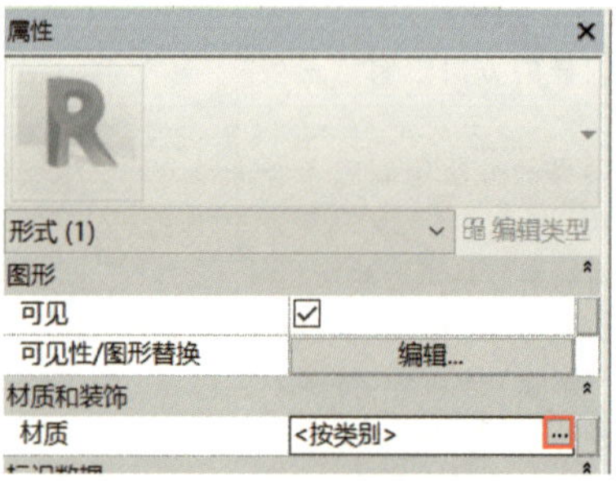

(续)

序号	步骤	操作方法及说明	
7	布置体量	（2）选择绘制好的桩承台，单击"修改|形式"选项卡，选择"修改"面板中的"移动"命令，根据图纸将桩承台移动至正确位置，如图 B-2-73 所示。	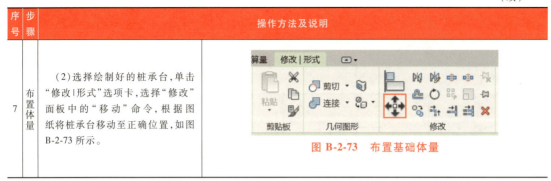 图 B-2-73 布置基础体量

 问题情境一

如何在项目外部创建体量模型？

操作方法：体量可以在项目内部（内建体量）或项目外部（可载入体量族）创建。上文中采用的内建体量是在项目内部建立，在项目外部创建体量可以通过在"新建"界面选择"新建概念体量模型"来完成，如图 B-2-74 所示。

 问题情境二

体量建模与族建模有何异同？

相同点：

1. 最后生成的格式文件均为".rfa"文件。
2. 都可以对构件添加参数控制。
3. 都可以给构件赋予材质信息。
4. 族和体量都可以在项目内建立和项目外建立。

不同点：

1. 族的建模方法有拉伸、融合、旋转、放样、放样融合、空心形状，体量没有。
2. 族绘制时线条轮廓必须闭合，体量可以是开放的。
3. 族的用途一般是创建常规模型，如柱、梁、门、窗等；体量不仅可以用于创建常规模型，还可以用于建筑方案设计。

图 B-2-74 新建概念体量模型

（四）学习结果评价（表 B-2-10）

表 B-2-10 创建体量学习结果评价表

序号	评价内容	评价标准	评价结果（是/否）
1	识读图纸中的基础信息	能正确识读基础类型 能正确识读基础所在标高 能正确识读基础的材质 能正确识读基础的尺寸	□是 □否 □是 □否 □是 □否 □是 □否
2	新建体量	能正确绘制体量	□是 □否
3	体量和族	能掌握体量和族的相同点和不同点	□是 □否

五、课后作业

按照图 B-2-75 给出的尺寸绘制基础体量模型。

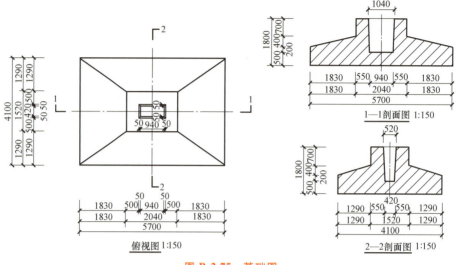

图 B-2-75　基础图

> **德育链接**
>
> ### 桥梁界的"珠穆朗玛峰"——港珠澳大桥
>
> 港珠澳大桥是国家工程、国之重器,其建设创下多项"世界之最",体现了一个国家逢山开路、遇水架桥的奋斗精神。大桥建成通车,进一步坚定了我们对中国特色社会主义的道路自信、理论自信、制度自信、文化自信。港珠澳大桥建成通车,极大缩短了香港、珠海和澳门三地间的时空距离,对于我国是从"桥梁大国"走向"桥梁强国"的里程碑之作。该桥被誉为桥梁界的"珠穆朗玛峰",被英媒《卫报》称为"现代世界七大奇迹"之一。港珠澳大桥不仅代表了我国桥梁先进水平,更是我国国家综合国力的体现。建设港珠澳大桥是我国中央政府支持香港、澳门和珠三角地区城市快速发展的一项重大举措,是"一国两制"下粤港澳密切合作的重大成果。
>
> **德育提示**:提升自身的民族自豪感和爱国情怀。

工作任务 B-3　BIM 设备模型设计

职业能力 B-3-1　能正确创建风管系统模型

一、核心概念

1. 风管系统:建筑通风包括从室内排除污浊的空气和向室内补充新鲜空气。前者称为排风,后者称为送风。为了实现送、排风而采用的一系列设备、装置的总体称为风管系统。

2. 风管：由金属板材、塑料板材或复合板材制成的圆形或矩形的通风管道。

3. 风管管件：把不同管径或不同方向的管道连接起来的管道构件。风管管件包括弯头、三通、四通、异径管、天圆地方、法兰等。

4. 风管附件：安装在风管及设备上的启闭和调节装置的总称，包括风阀、排烟口、送风口等。

二、学习目标

1. 掌握风管类型的创建和设置方法、风管系统的创建和设置方法。

2. 掌握风管绘制方法，管件、附件和设备的放置方法。

3. 掌握风管标注的方法。

三、基本知识

（一）图纸信息

1. 本风管系统为防排烟系统，风管类型采用矩形风管。

2. 风管高度信息：不同区域风管底高度不同，分别为 3.3m、3.4m、3.5m，具体信息参考图纸。

3. 风管材质信息：采用镀锌钢板。

4. 风机采用消防高温轴流风机，风口采用钢制百叶风口（带调节阀）。

（二）风管系统创建的主要命令

1. 通过"项目浏览器"→"族"→"风管系统"，可基于自带的三种系统分类（回风、排风和送风）创建新的风管系统。

2. 通过"风管"命令，可创建风管。

3. 通过"属性"面板，可选择风管和系统的类型。

4. 通过"修改|放置风管"选项卡，可指定风管尺寸、偏移量和放置方式。

5. 通过"机械设备"命令，可添加"风机"等设备，还可通过"载入族"命令添加所需设备。

（三）风管系统模型创建流程

风管系统模型创建流程：选择风管类型→选择系统类型→选择风管尺寸→指定风管偏移量→指定风管起点和终点→指定风管放置方式→放置风管管件、附件和设备→设备连管→添加风管的隔热层和内衬。

四、能力训练

（一）操作条件

××人民法庭办公楼的采暖施工图（简称暖施）01、02、04~06；Revit 软件。

（二）操作效果（图 B-3-1）

图 B-3-1　风管系统效果图　　　　创建风管系统模型

（三）操作过程（表 B-3-1）

表 B-3-1　创建风管系统模型的操作过程

序号	步骤	操作方法及说明
1	在风管系统中创建排烟系统	在"项目浏览器"下拉列表中选择"族"，并单击"+"符号展开下拉列表，选择"风管系统"选项，单击"+"符号，右击"排风"，单击"复制"，并重命名为"排烟"，如图 B-3-2 所示。  图 B-3-2　创建排烟系统
2	绘制风管	点击"系统"选项卡，选择"风管"（快捷键<DT>），进入风管绘制模式。此时，"属性"选项板与"修改|放置风管"选项卡被激活，如图 B-3-3 所示。 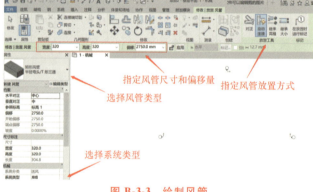 图 B-3-3　绘制风管 按照以下步骤绘制风管。 （1）选择风管类型。在风管"属性"面板中选择"矩形风管（半径弯头/T 形三通）"。 （2）选择系统类型。在风管"属性"面板的"系统类型"中选择新创建的"排烟"系统。 （3）选择风管尺寸、指定偏移量。绘制一层左侧穿越卫生间的排烟风管。根据如图 B-3-4 所示的图纸，在选项栏中设置风管宽度为"500"，高度为"200"，偏移量为"3600"。 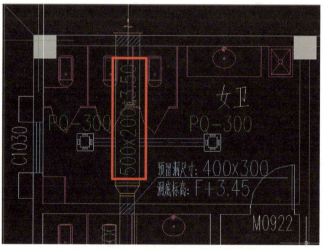 图 B-3-4　选择风管尺寸、指定偏移量

(续)

序号	步骤	操作方法及说明
2	绘制风管	(4)指定风管起点和终点。绘制图B-3-5所示的一段风管。第一次单击确认风管的起点,第二次单击确认风管的终点。绘制完毕后,单击"修改"选项卡→"编辑"→"对齐",将绘制的风管与图纸位置对齐并锁定。 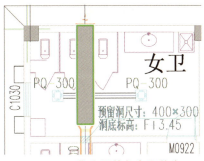 图 B-3-5　指定风管起点和终点 (5)风管放置方式。在绘制风管时,可以使用"修改|放置风管"选项卡"放置工具"面板上的命令指定风管的放置方式。 ①对正:"对正"命令用于指定风管的对齐方式。此功能在立面图和剖面图中不可用。选择"对正"选项,打开"对正设置"窗口,如图B-3-6所示,选用水平对正,以风管的"中心"作为参照进行绘图。 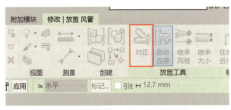  图 B-3-6　风管放置方式 图纸中管径发生了变化,从500mm×200mm变为300mm×200mm。沿刚才所绘制的500mm×200mm管道继续绘制风管,并将风管尺寸改为300mm×200mm,绘制到下一变径点,变径会自动生成,并沿风管中心线水平对正,如图B-3-7所示。 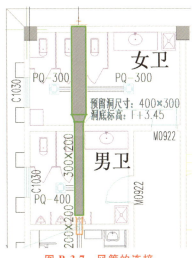 图 B-3-7　风管的连接

（续）

序号	步骤	操作方法及说明
2	绘制风管	②自动连接："放置工具"面板中的"自动连接"命令用于自动捕捉相交风管，并添加风管管件完成连接。在默认情况下，该功能处于激活的状态。当"自动连接"命令激活时，绘制两段正交的风管，将自动添加风管管件完成连接；如果不激活"自动连接"命令，则管件不会自动添加。 ③继承高程和继承大小：在默认情况下，这两项处于未激活状态。如果选中"继承高程"选项，那么新绘制的风管将继承与其连接的风管或设备连接件的高程。如果选中"继承大小"选项，那么新绘制的风管将继承与其连接的风管或设备连接件的尺寸。 按照上述方法，将一、二层排烟系统风管创建完成。
3	添加并连接主要设备	（1）载入风机。单击"插入"选项卡→"从库中载入"→"载入族"，选择"轴流式风机-风管安装"，单击"打开"按钮，将该族载入项目中，如图B-3-8所示。  图 B-3-8　载入风机族 （2）放置风机。风机放置方法是直接添加到绘制好的风管上，所以应先绘制好风管再添加风机。按图纸路径绘制风管，设置风管的宽度为"1000"，高度为"300"，偏移为"3500.0mm"，如图B-3-9所示。 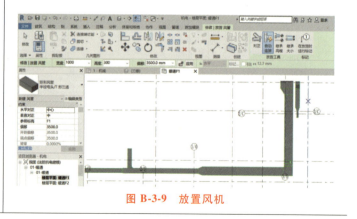 图 B-3-9　放置风机

(续)

序号	步骤	操作方法及说明
3	添加并连接主要设备	单击"系统"选项卡→"机械"→"机械设备",在右侧的类型选择器中选择"轴流式风机-风管安装28000CMH",然后在绘图区域排风机所在位置单击,即可将风机添加到项目中,如图 B-3-10 所示。 图 B-3-10 将风机添加到项目中 在风管相应位置上放置风机,并使其与风管水平对齐。使用"拆分图元"命令将风管分成两段,如图 B-3-11 所示。 图 B-3-11 将风管分成两段 创建剖立面来对齐风机与风管的垂直高度,如图 B-3-12 和图 B-3-13 所示。 图 B-3-12 创建剖立面 图 B-3-13 对齐风管垂直高度

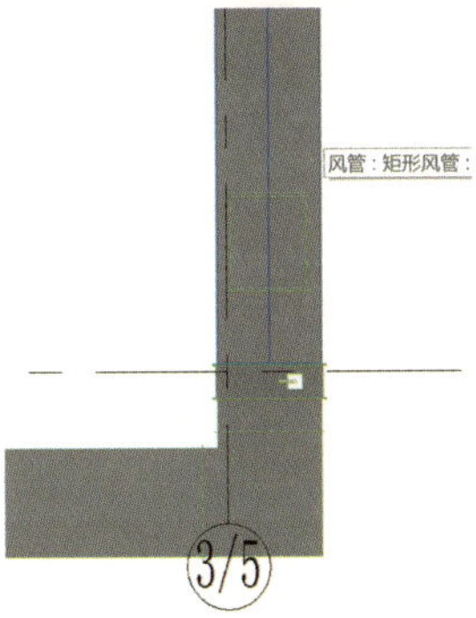

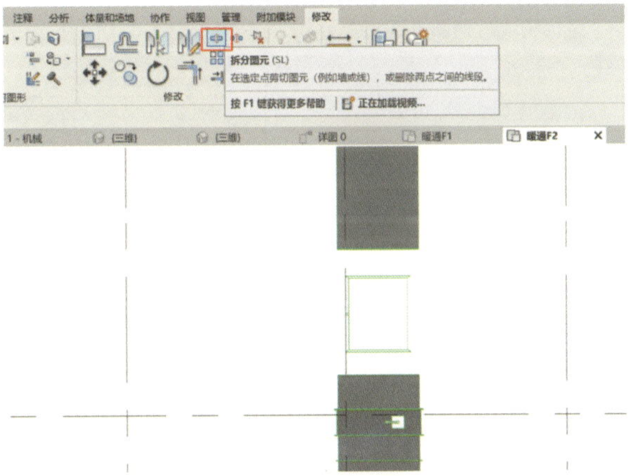

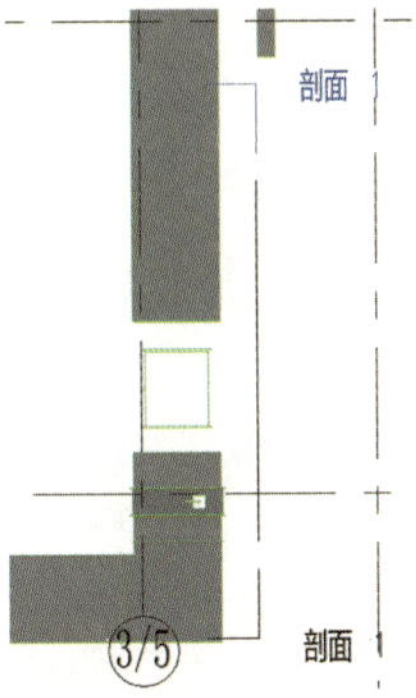

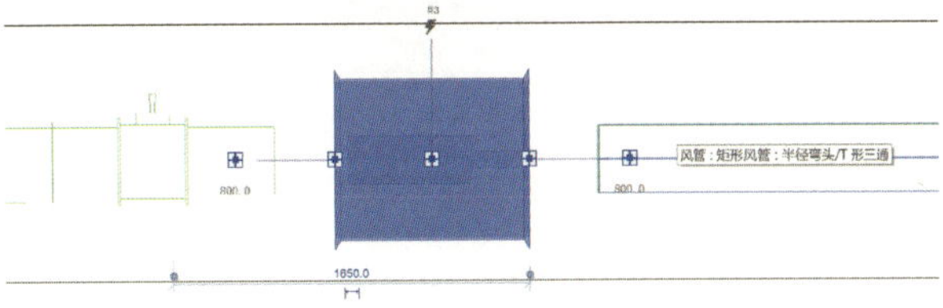

(续)

序号	步骤	操作方法及说明
3	添加并连接主要设备	将风管中心线连接至风机中心线,如图 B-3-14 所示。 连接完成后如图 B-3-15 所示。 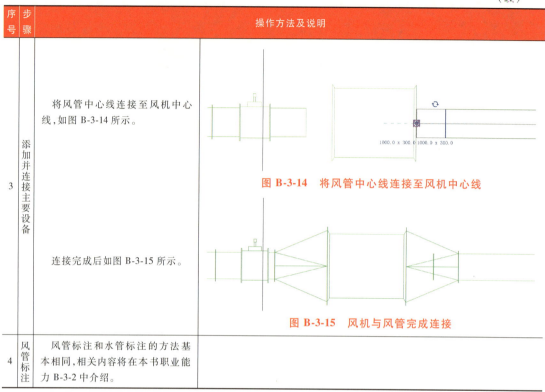 图 B-3-14　将风管中心线连接至风机中心线 图 B-3-15　风机与风管完成连接
4	风管标注	风管标注和水管标注的方法基本相同,相关内容将在本书职业能力 B-3-2 中介绍。

 问题情境一

如何处理不同管径的风管对齐问题?

(1) 在默认情况下,风管对齐的方式是中心对齐,如图 B-3-16 所示。

(2) 在大部分情况下,风管的安装都需要不同管径的风管顶部对齐,可以选择风管的对齐方式。在选中需要对齐的风管后,选项卡中会出现"对正"一项,如图 B-3-17 所示。

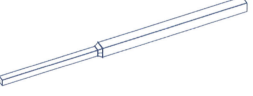

图 B-3-16　风管中心对齐

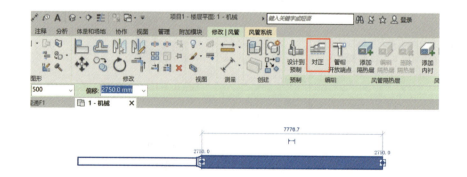

图 B-3-17　"修改|风管"选项卡中的"对正"命令

(3) 单击"对正"后,在"对正"面板中会出现"对齐线""对齐方式"和"控制点"三项,如图 B-3-18 所示。

(4) 对齐方式可分为 9 种,分别是"顶部左对齐""顶部居中对齐""顶部右对齐""中间左对齐""中间居中对齐""中间右对齐""底部左对齐""底部居中对齐"和"底部右对齐",在软件中以示意图的方式列举出来。选择需要的对齐方式,然后单击"完成"即可完成对齐方式的修改。

下面对比一下"顶部居中对齐"与默认对齐方式的不同,如图 B-3-19 所示。

图 B-3-18 "对正"面板

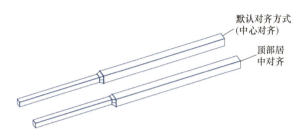

图 B-3-19 默认对齐与顶部居中对齐

(5) 在选中需要对齐的风管时,系统会默认以绘制方向首端的风管为对齐基准,被选为基准的风管处会出现一个箭头,如图 B-3-20 所示。

(6) 如果需要更改基准的风管,可以单击"控制点"选项,基准风管就会切换到另一端的第一根风管,如图 B-3-21 所示。

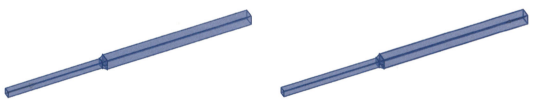

图 B-3-20 默认风管对齐基准　　　　　　　图 B-3-21 切换基准风管

注意,基准风管只能是被选中风管的首末两端的风管,中间段风管不能作为基准风管。如果有很多连接在一起的风管需要对齐,可以用一小段一小段对齐的方法完成。

(7) "对齐线"为我们提供了一种更为直观的方法。选中需要对齐的风管,点选"对正",然后点选"对齐线",基准风管就会出现 9 条不同方向的基准线。选择其中一条基准线,该基准线将会作为风管对齐的基准,如图 B-3-22 所示。

图 B-3-22 风管对齐基准线

 问题情境二

如果找不到自动布线解决方案,应如何解决?

绘制风管或管道的弯头连接时,可能会出现如图 B-3-23 所示的报错对话框。

(1) 出现报错对话框的原因是空间不够大。空间是指放弯头的空间,管道和连接构件的距离要能够放置弯头。

图 B-3-23 报错对话框

（2）有时由于 CAD 图中不方便移管导致错位，使画出来的模型和设计者给定的图纸有误差，我们就可修改弯头的转弯半径。图 B-3-24 所示为样板文件里自带的三个弯头，分别代表三个转弯半径不同的弯头，1.0W 是指转弯半径为 1 倍的风管宽度；1.5W 是转弯半径为 1.5 倍的风管宽度；2.0W 是转弯半径为 2 倍的风管宽度。

（3）如果 1.0W 满足不了用户的需要，我们还可以新建一个转弯半径更小的弯头。单击如图 B-3-25 所示的"编辑类型"按钮，在弹出的窗口中将"类型"改为相应半径乘数大小，再把相应参数改过来，这时我们就得到了一个转弯半径更小的弯头，还可以节约弯头空间，如图 B-3-26 所示。

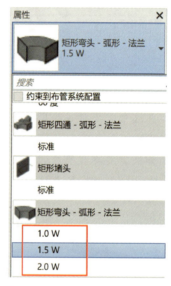

图 B-3-24 修改弯头的转弯半径

图 B-3-25 单击"编辑类型"

图 B-3-26 新建转弯半径更小的弯头

（四）学习结果评价（表 B-3-2）

表 B-3-2　创建风管系统模型学习结果评价表

序号	评价内容	评价标准	评价结果（是/否）
1	风管设置	能掌握风管类型创建的操作 能掌握风管类型的设置内容 能掌握风管系统创建的操作 能掌握风管系统的设置内容	□是　□否 □是　□否 □是　□否 □是　□否
2	系统建模	能掌握风管绘制的方法 能掌握风管管件、附件和设备的放置方法	□是　□否 □是　□否
3	模型标注	能掌握风管标注的方法	□是　□否

五、课后作业

1. 根据图 B-3-27 创建建筑模型，建筑层高为 3.9m。建筑模型包括轴网、墙、门、窗、楼板等相关构件，要求尺寸、位置正确。

2. 按照图 B-3-27 和表 B-3-3 所示建立相应的模型。风管中心对齐，空调风管中心标高为 3.60m，新风管中心标高为 3.70m。

3. 参照通风空调平面图添加正确的阀件。

4. 图 B-3-27 中房间吊顶高度为 3.2m（无需吊顶模型），风口高度为 3.2m，其余风管设备均在吊顶内，且保证风管设备间无碰撞。定义风管系统和管道系统颜色：送风为深粉色，新风为深紫色。

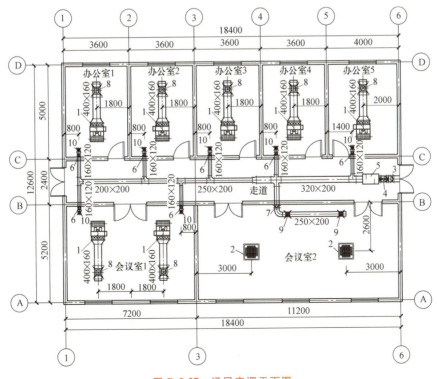

图 B-3-27　通风空调平面图

表 B-3-3 主要设备材料表

序号	设备名称	型号规格及参数	单位	数量	备注
1	卧室暗装风机盘管	FP-68WAH,$P=30Pa$,$Q=680m^3/h$,$q=360W$,$N=68W$,$dB\leq42$	台	7	自带回风口及过滤器
2	吊顶暗装风机盘管	FP-102WAH,$P=30Pa$,$Q=1020m^3/h$,$q=5500W$,$N=102W$,$dB\leq46$	台	2	
3	对开多叶齿轮调节阀(1)	320mm×200mm	个	1	
4	混流风机	$L=2239m^3/h$,$P=169Pa$,$N=180W$	台	1	
5	消声器	320mm×200mm,$L=1000mm$	台	1	
6	对开多叶齿轮调节阀(2)	160mm×120mm	个	7	
7	对开多叶齿轮调节阀(3)	250mm×200mm	个	1	
8	双层百叶风口(1)	240mm×240mm	个	7	带风口调节阀
9	双层百叶风口(2)	200mm×200mm	个	2	带风口调节阀
10	双层百叶风口(3)	120mm×120mm	个	7	带风口调节阀

德育链接

达坂城，中国风电从这里起步

新疆达坂城是中国风电的"摇篮"。1986 年，在自治区人民政府和原水利电力部的支持下，新疆水利水电研究所购进丹麦 Wincon 公司 55kW 独立运行风电机组与 100kW 并网风电机组各一台，正式开始风力发电在新疆的应用探索。1994 年 12 月，新疆建成国内首家单个风场装机容量超过 10MW 的风电场，成为当时亚洲最大的风力发电场。从一张张图纸，到一个个零部件，我国风电制造工业体系一步步走向健全。随后，原国家经贸委开展了"加快国产化、加快技术进步"的"双加"工程项目，并进行了国有电力企业公司制改造、投融资管理体制改革，将"新疆经验"推广到了全国。从 1986 年戈壁滩上两台千瓦级的试验样机，到 2020 年我国整机厂商超过 50GW 的出货量，风力发电度电成本已能够媲美煤电，我国风机制造业已完成了质的飞跃。

德育提示：提升自身的生态理念和爱国主义精神。

职业能力 B-3-2 能正确创建给水排水系统模型

一、核心概念

1. 建筑给水系统：是将城镇给水管网或自备水源给水管网的水引入室内，经配水管送至生活、生产和消防用水设备，并满足各用水点对水量、水压和水质要求的冷水供应系统。根据用途不同，建筑给水系统可分为生活给水系统、生产给水系统和消防给水系统。其主要组件包括供水管道、附件（阀门、仪表、配水龙头、消火栓及喷头等）和供水设备（水池、水泵、高位水箱等）。

2. 建筑排水系统：是将建筑卫生设备和生产设备排除出来的污、废水，以及降落在屋面上的雨、雪水，通过室内排水管道排至室外的系统。根据污、废水类型不同，建筑排水系统可分为生活排水系统、工业废水排水系统和雨水排水系统。其主要组件包括排水管道、通气管道、附件（地漏、存水弯、清扫口、检查口、通气帽等）和卫浴装置（大便器、小便器、洗脸盆、淋浴器、洗涤盆等）。

二、学习目标
1. 掌握管道类型的创建和设置方法，管道系统的创建和设置方法。
2. 掌握管道绘制方法，管件、附件和设备的放置方法。
3. 掌握管道标注的方法。

三、基本知识
（一）图纸信息
1. 本项目的给水排水系统有生活给水系统、消火栓系统、生活污水系统、雨水系统。
2. 管道材质信息：生活给水管采用PP-R管，热熔连接，管道及阀门配件压力等级为 $PN = 1.6MPa$；排水管及通气管采用UPVC排水管，胶粘连接；雨水管采用UPVC排水管。

（二）管道系统创建的主要命令
1. 通过"管道"命令，可创建管道。
2. 通过"管件"命令，可放置管件。
3. 通过"管路附件"命令，可放置管路附件。
4. 通过"卫浴装置"命令，可放置卫生设备。

（三）管道系统模型创建流程
管道系统模型创建流程：选择管道类型→选择系统类型→选择管道尺寸→指定管道偏移量→指定管道起点和终点→指定管道放置方式→坡度设置→放置管道管件、附件和设备→设备连管→添加管道的隔热层。

四、能力训练
（一）操作条件
××人民法庭办公楼的水路施工图（简称水施）01、03~09；Revit软件。

（二）操作效果（图B-3-28）

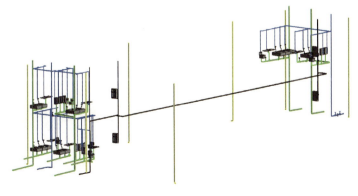

图 B-3-28　水管系统效果图

创建给水排水系统模型

(三）操作过程（表 B-3-4）

表 B-3-4　创建给水排水系统模型的操作过程

序号	步骤	操作方法及说明
1	新建管道系统	（1）在"项目浏览器"下拉列表中选择"族"，并单击"+"，在展开的下拉列表中选择"管道系统"选项。系统默认自带11个管道系统，用户只能在此基础上修改以及复制，不能直接将其删除，如图 B-3-29 所示。  图 B-3-29　创建管道系统 （2）选择"家用冷水"选项，并右击将其重命名为"生活给水系统"；选择"卫生设备"选项，并右击将其重命名为"生活污水系统"；选择"其他"选项，并右击将其重命名为"雨水系统"；选择"湿式消防系统"选项，并右击将其重命名为"消火栓系统"，如图 B-3-30 所示。  图 B-3-30　管道系统重命名
2	绘制管道	单击"系统"选项卡，选择"管道"（快捷键<PI>），进入管道绘制模式，如图 B-3-31 所示。  图 B-3-31　选择"管道"

(续)

序号	步骤	操作方法及说明
2	绘制管道	进入管道绘制模式后,"属性"面板与"修改|放置 管道"选项栏同时被激活,如图 B-3-32 所示。 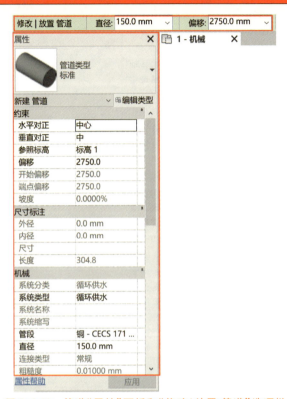 图 B-3-32 管道"属性"面板和"修改|放置 管道"选项栏 以生活污水管道系统为例,按照以下步骤绘制管道。 (1)选择管道类型。在管道"属性"面板中选择管道类型,单击"编辑类型",在"布管系统配置"中,选择管道材质为"PVC-U-GB/T 5836"。 (2)选择系统类型。在管道"属性"面板的"系统类型"中选择新创建的"生活污水系统"。 (3)选择管道尺寸、指定偏移量绘制一层卫生间 1 女卫的污水管道。根据污水管道平面图,排水横管依次连接拖布盆、洗脸盆、地漏、3 个蹲便器后接入排出管。根据污水管道系统图,管径从 $De75mm$ 变为 $De110mm$,排水横管标高为 $-0.4m$,排出管标高为 $-1.5m$,坡度为 0.026,据此信息设置管道尺寸、偏移量以及坡度。

（续）

序号	步骤	操作方法及说明
2	绘制管道	（4）指定管道起点和终点。将管径设置为 $De75mm$，偏移量设置为 $-450mm$。将光标移至绘图区域，单击一点即可指定管道起点，移动至终点位置再次单击，这样即可完成一段 $De75mm$ 管道的绘制。将管径更改为 $De110mm$，继续移动光标绘制 $De110mm$ 管段，绘制接近外墙内边界处单击并将管道偏移量调至 $-1500mm$，单击"应用"按钮，生成排水横管与排出管间的立管。继续移动光标，绘制排出管，并添加排出管向下坡度为 0.026。绘制完成后，按<Esc>键，退出管道绘制，创建好的管道模型如图 B-3-33 所示。根据给水排水管道系统图与平面图，分别将给水排水系统立管、横支管创建出来，器具支管待后续卫生器具放置完成后再进行绘制。 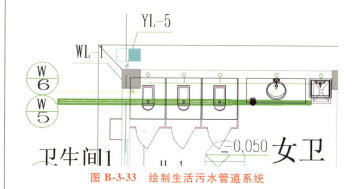 图 B-3-33 绘制生活污水管道系统 （5）管道对齐。绘制管道过程中可以利用"对正"命令来调整当前管道和接下来要绘制管道的水平或垂直关系。在激活"管道"命令的状态下，可以进入"修改|放置管道"选项卡，选择"对正"选项，弹出"对正设置"窗口，可以看到"水平对正""水平偏移""垂直对正"3个选项，如图 B-3-34 所示。 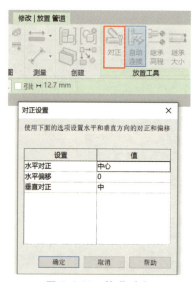 图 B-3-34 管道对齐 ①水平对正：用来指定当前视图下相邻两段管道之间的水平对齐方式。"水平对正"方式有"中心""左"和"右"3种，"水平对正"后的效果还与绘制管道的方向有关。不同"水平对正"方式的绘制效果如图 B-3-35 所示。 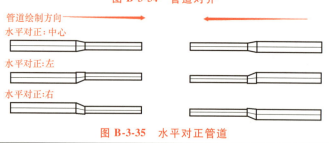 图 B-3-35 水平对正管道

(续)

序号	步骤	操作方法及说明
2	绘制管道	②水平偏移：用于指定管道绘制起始点位置与实际管道位置之间的偏移距离。该功能多用于指定管道与墙体等参照图元之间的水平偏移距离。 例如，设置"水平偏移"值为400mm后，捕捉参照线绘制直径为100mm的管道，这样实际绘制位置是按照"水平偏移"值偏移参照线的位置。同时，该距离还与"水平对正"方式及绘制管道的方向有关，如果选择从左至右绘制管道，3种不同的"水平对正"方式下，管道中心线到参照线的距离标注如图 B-3-36 所示。 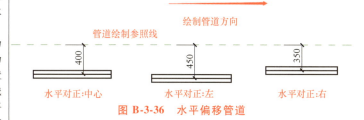 图 B-3-36 水平偏移管道 ③垂直对正：用于指定当前视图下相邻两段管道之间垂直的对齐方式，针对的是立面或者剖面状态下的管线状态。 "垂直对正"方式有"中""底""顶"3种。"垂直对正"的设置会影响"偏移量"，例如，在 0.00m 的平面视图中绘制偏移量为3500mm、管道直径为100mm的管道，设置不同的"垂直对正"方式，绘制完成后的管道偏移量（即管道中心标高）会发生变化，如图 B-3-37 所示。  图 B-3-37 垂直对正管道 （6）自动连接。在激活"管道"命令的状态下，"修改|放置 管道"选项卡会出现"自动连接"功能，如图 B-3-38 所示。 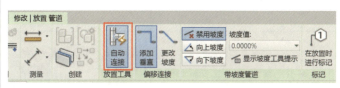 图 B-3-38 "自动连接"功能 在默认情况下，该功能处于激活的状态，此时绘制两段正交的管道，将自动添加管道管件完成连接；如果不激活"自动连接"命令，则管件不会自动添加，如图 B-3-39 所示。 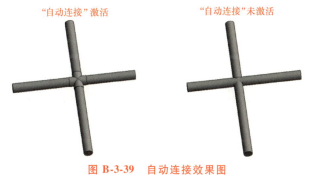 图 B-3-39 自动连接效果图

(续)

序号	步骤	操作方法及说明
2	绘制管道	（7）坡度设置。在 Revit MEP 中，可以在绘制管道的同时指定坡度，也可以在管道绘制结束后再对管道的坡度进行编辑。 ①直接绘制坡度。在"修改｜放置 管道"选项卡→"带坡度管道"面板上可以直接指定管道坡度，如图 B-3-40 所示。单击 △ 按钮修改向上坡度数值，或单击 ▽ 按钮修改向下坡度数值，如图 B-3-40 所示。 图 B-3-40　设置坡度 ②编辑管道坡度。绘制一段不带坡度的管道，选取该段管并修改其起点或终点标高来生成坡度。当管段上出现坡度符号时，也可以通过选择符号进行坡度值的修改，如图 B-3-41 所示。 图 B-3-41　编辑管道坡度
3	放置管路附件和设备	（1）管路附件的放置。以给水系统 J1 为例，在引入管上添加闸阀和水表。 进入"系统"选项卡，选择"管路附件"选项，如图 B-3-42 所示。 图 B-3-42　选择"管路附件" 在"属性"面板中选择需要的管路附件，放置在绘图区域所需位置，如图 B-3-43 所示。 图 B-3-43　放置管路附件

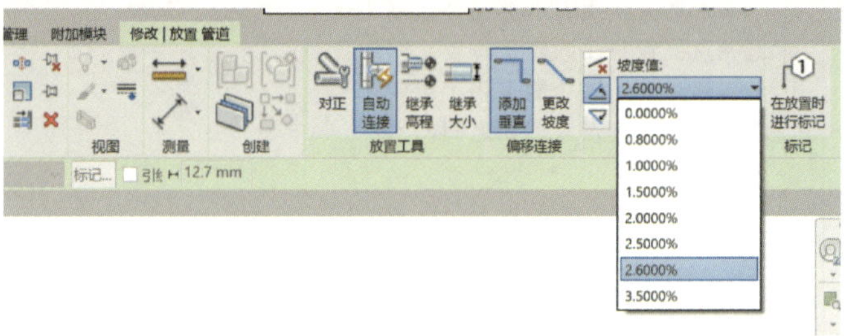

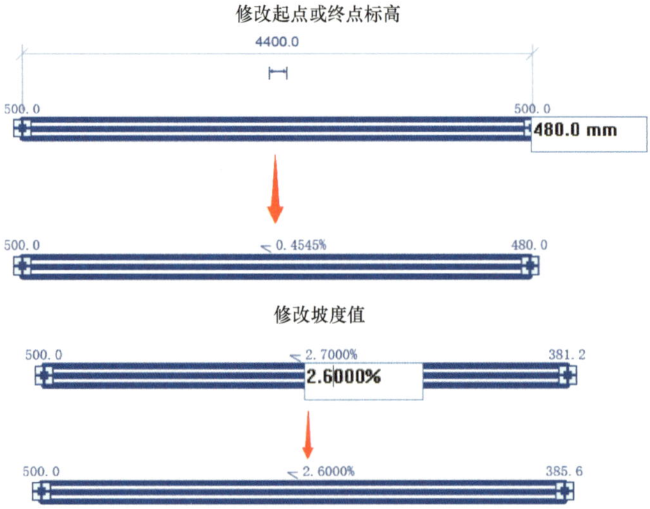

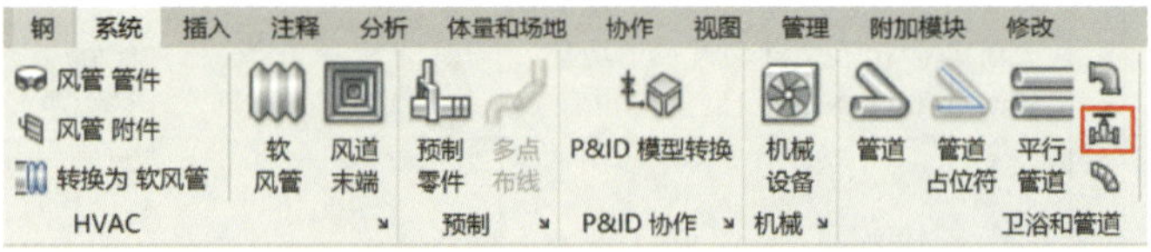

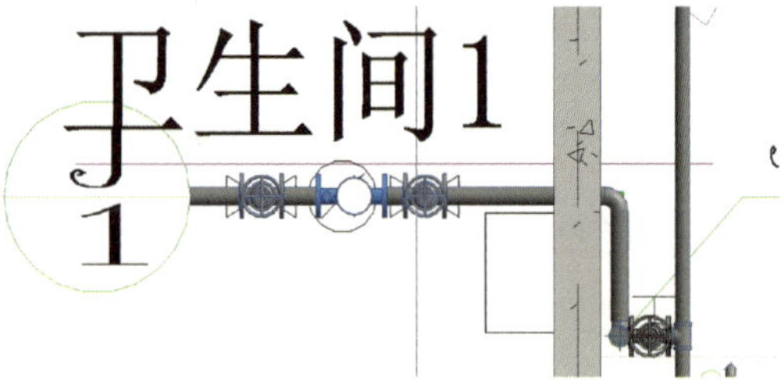

（续）

序号	步骤	操作方法及说明
3	放置管路附件和设备	（2）设备的放置与连接 1）生活给水系统：系统自带卫生设备大部分需要基于主体放置，主体包括墙、柱子以及楼板等，用户在放置卫生器具的过程中需要注意。 ①进入"系统"选项卡，选择"卫浴装置"选项，在"属性"面板中选择需要的卫生器具，即可将之放置在绘图区域所需位置，如图 B-3-44 所示。  图 B-3-44　放置卫生器具 ②按照卫生间 CAD 底图将卫生器具进行放置，如图 B-3-45 所示。 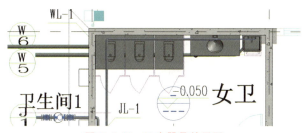 图 B-3-45　卫生器具效果图 ③选择蹲式大便器，在进水点位置单击"创建管道"，如图 B-3-46 所示。 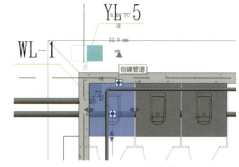 图 B-3-46　创建管道 进行管道绘制，与上述绘制好的给水横支管相连，如图 B-3-47 所示。 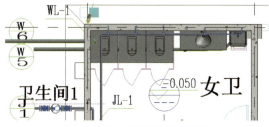 图 B-3-47　连接给水横支管 设置所绘管道的管道类型和系统类型。在"属性"面板中选择"管道类型"为"PPR"，"系统类型"为"生活给水系统"。同理，将蹲式大便器与排水管道进行连接，依次将该卫生间内的其余卫生器具与相应给水排水管道相连。 2）生活污水系统：运用剖面视图进行污水管道辅助绘制。

(续)

序号	步骤	操作方法及说明
4	管道标注	管道的标注在设计过程中不可或缺。Revit MEP 中管道的标注包括尺寸标注、编号标注、标高标注和坡度标注 4 类。 管道尺寸和管道编号是通过注释符号族来标注的,在平、立、剖面视图中均可使用;而管道标高和管道坡度则是通过尺寸标注系统族来标注的,在平、立、剖面和三维视图中均可使用。 (1)尺寸标注 1)基本操作。Revit MEP 中自带的管道注释符号族"M_管道尺寸标记"可以用来进行管道尺寸标注,下面介绍两种标注方式。 ①管道绘制的同时进行标注。进入绘制管道模式后,单击"修改|放置 管道"→"标记"→"在放置时进行标记",如图 B-3-48 所示。 绘制出的管道将会自动完成管径标注,如图 B-3-49 所示。 ②管道绘制后再进行管径标注。单击"注释"→"标记"→"载入的标记"就能查看到当前项目文件中加载的所有标记族。某个族类别下排在第一位的标记族为默认的标记族。当单击"按类别标记"按钮后,Revit MEP 将默认使用"M_管道尺寸标记",如图 B-3-50 所示。 单击"注释"→"标记"→"按类别标记",将光标移至视图窗口的管道上,上下移动光标可以选择标注出现在管道上方还是下方。确定注释位置后,单击"完成"即可完成标注,如图 B-3-51 所示。	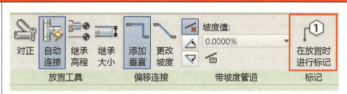 图 B-3-48 单击"在放置时进行标记"  图 B-3-49 自动完成管径标注  图 B-3-50 单击"按类别标记"  图 B-3-51 管道标注效果图

(续)

序号	步骤	操作方法及说明
4	管道标注	2）标记修改。Revit MEP 为用户提供了如下功能，方便修改标记，如图 B-3-52 所示。  图 B-3-52　修改标记 ①"水平""竖直"可以控制标记放置的方式。 ②"引线"复选框可以控制引线的可见性。 ③勾选"引线"复选框后，可选择引线为"附着端点"或"自由端点"。"附着端点"表示引线的一个端点固定在被标记图元上；"自由端点"表示引线两个端点都不固定，可进行调整。 3）尺寸注释符号族修改。因为在 Revit MEP 中自带的管道注释符号族"M_管道尺寸标记"和国内常用的管道标注有些不同，我们可以按照如下步骤进行修改： ①在"族编辑器"中打开"M_管道尺寸标记.rfa"。 ②选中已设置的标签"尺寸"，在"修改标签"选项卡中点击"编辑标签"。 ③删除已选标签参数"尺寸"。 ④添加新的标签参数"直径"，并在"前缀"列中输入"DN"，如图 B-3-53 所示。  图 B-3-53　添加标签参数 ⑤将修改后的族重新加载到项目环境中。 ⑥单击"管理"→"设置"→"项目单位"，选择"管道"下拉菜单中的"管道尺寸"，并将"单位符号"设置为"无"。 ⑦按照前面介绍的方法，进行管道尺寸标注。 （2）标高标注。单击"注释"→"尺寸标注"→"高程点"来标注管道标高，如图 B-3-54 所示。  图 B-3-54　单击"高程点"

(续)

序号	步骤	操作方法及说明
4	管道标注	打开高程点族的"类型属性"窗口，在"类型"下拉列表中可以选择相应的高程点族，如图 B-3-55 所示，其相关类型参数如下。 引线箭头：可根据需要选择各种引线端点样式。 符号：这里将出现所有高程点族，选择刚载入的新建族即可。 文字与符号的偏移量：为默认情况下文字和符号左端点之间的距离，正值表明文字在符号左端点的左侧，负值则表明文字在符号左端点的右侧。 文字位置：控制文字和引线的相对置。 高程指示器/顶部指示器/底部指示器：允许添加一些文字、字母等，用来提示出现的标高是顶部标高还是底部标高。 作为前缀/后缀的高程指示器：确认添加的文字、字母等在标高中出现的形式是前缀还是后缀。 ①平面视图中的管道标高。平面视图中的管道标高注释需在"精细"模式下进行（在"单线"模式下不能进行标高标注）。一根公称直径为 150mm、偏移量为 2750mm 的管道在平面视图中的标高标注如图 B-3-56 所示。 从图 B-3-56 可以看出，标注管道两侧标高时，显示的是管道中心标高 2.750m。标注管道中线标高时，默认显示的是管顶外侧标高 2.830m。点击管道属性查看可知，管道外径为 159mm，于是管顶外侧标高为(2.750+0.159/2)m=2.830m。 若要显示管底标高（管底外侧标高），则应选中标高，并调整"显示高程"。Revit MEP 中提供了 4 种选择："实际（选定）高程""顶部高程""底部高程"及"顶部高程和底部高程"。选择"顶部高程和底部高程"后，管顶和管底标高同时被显示出来，如图 B-3-57 所示。	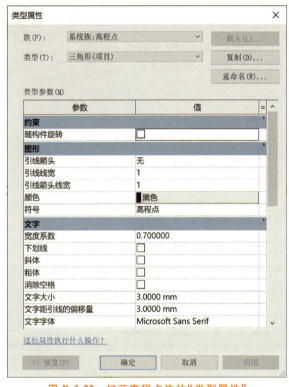 图 B-3-55 打开高程点族的"类型属性" 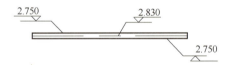 图 B-3-56 平面视图中的管道标高 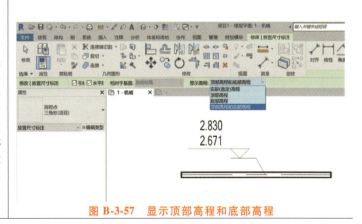 图 B-3-57 显示顶部高程和底部高程

(续)

序号	步骤	操作方法及说明
4	管道标注	②立面视图中的管道标高。和平面视图不同，立面视图中，管道在单线（即粗略、中等）模式下也可以进行标高标注，但此时仅能标注管道中心标高；对于倾斜管道，其标高值将随着光标在管道中心线上的移动而变化。如果在立面视图中标注管顶或者管底标高，则需要将光标移动到管道端部，再捕捉端点，如图 B-3-58 所示。 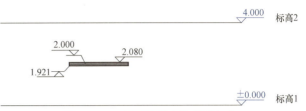 图 B-3-58　立面视图中的管道标高 在立面视图中也可以对管道截面进行管道中心、管顶和管底标高标注，如图 B-3-59 所示。 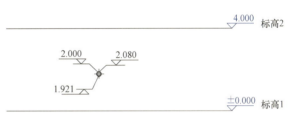 图 B-3-59　立面视图中的管道截面标高 当对管道截面进行管道标注时，为了方便捕捉，建议关闭"可见性/图形替换"窗口中管道的两个子类别"升"和"降"，如图 B-3-60 所示。 ③剖面视图中的管道标高。剖面视图中的管道标高与立面视图中的管道标高标注方法一致，这里不再赘述。 ④三维视图中的管道标高。在三维视图中的管道"单线"模式下，管道标高为管道中心标高；在"双线"模式下，管道标高为所捕捉的管道位置的实际标高。 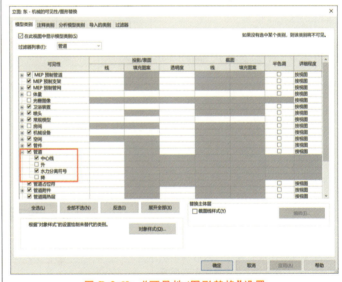 图 B-3-60　"可见性/图形替换"设置 （3）坡度标注。在 Revit MEP 中，单击"注释"→"尺寸标注"→"高程点 坡度"来标注管道坡度，如图 B-3-61 所示。  图 B-3-61　坡度标注

(续)

序号	步骤	操作方法及说明
4	管道标注	进入"系统族:高程点坡度"可以看到控制坡度标注的一系列参数。高程点坡度标注与之前介绍的高程标注非常类似,这里不一一赘述。需要修改的是"单位格式",设置成管道标注时习惯的百分比格式,如图 B-3-62 所示。 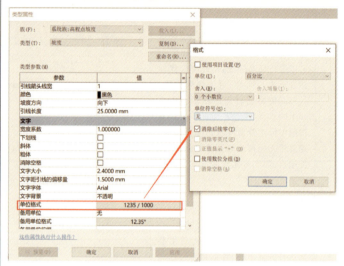 图 B-3-62 设置成管道标注 选中任一坡度标注,会出现"修改|高程点坡度"选项卡,如图 B-3-63 所示。  图 B-3-63 "修改|高程点坡度"选项卡 其中,"相对参照的偏移"表示坡度标注线和管道外侧的偏移距离。"坡度表示"选项仅在立面视图中可选,有"三角形"和"箭头"两种方式,如图 B-3-64 和图 B-3-65 所示。 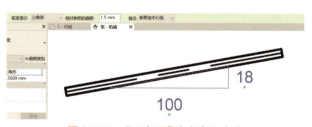 图 B-3-64 "三角形"坡度表示方式 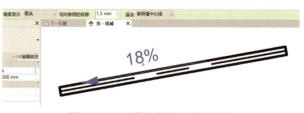 图 B-3-65 "箭头"坡度表示方式

问题情境一

如何给管道系统添加颜色？

操作方法：为了在机电管线汇总时直观地查看不同系统的管线，通常需要赋予管线不同的颜色。在 Revit 中，可以通过以下方法来实现。

（1）在视图"属性"面板中单击"可见性/图形替换"右边的"编辑"按钮。

（2）出现当前视图的"楼层平面：1-机械的可见性/图形替换"窗口，切换到"过滤器"选项卡，单击"编辑/新建"按钮，如图 B-3-66 所示。

图 B-3-66 单击"编辑/新建"按钮

（3）打开"过滤器"窗口，创建管线过滤器。以"消火栓"为例，单击图 B-3-67 所示的"新建过滤器"按钮，输入"消火栓"，然后设置消火栓"类别"和"过滤器规则"，如图 B-3-68 所示。

图 B-3-67 单击"新建过滤器"按钮

图 B-3-68　设置消火栓"类别"和"过滤器规则"

（4）单击"确定"按钮，返回到"楼层平面：1-机械的可见性/图形替换"窗口，单击"添加"按钮，添加"消火栓"过滤器，如图 B-3-69 所示。

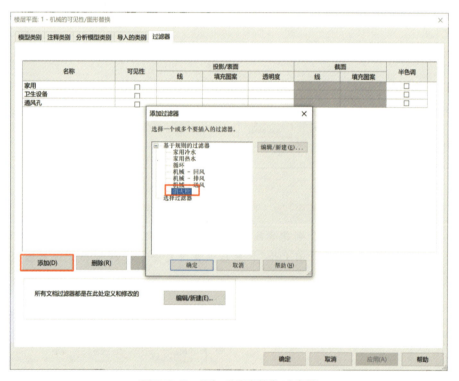

图 B-3-69　添加"消火栓"过滤器

（5）单击"消火栓"过滤器"填充图案"下的"替换"按钮，分别选择"颜色"和"填充图案"，如图 B-3-70 所示，完成"消火栓"过滤器的设置。

（6）绘制一段管道，管道自动变成刚刚设置的红色，如图 B-3-71 所示。

问题情境二

立管与横管应如何连接？

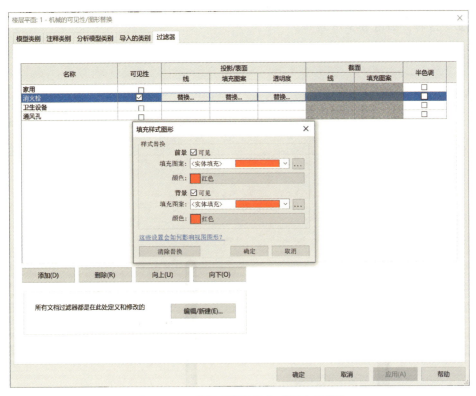

图 B-3-70 选择"颜色"和"填充图案"

操作方法：

（1）在项目中，横管与立管未连接时，如图 B-3-72 所示。

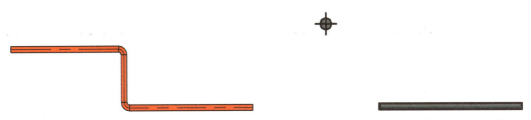

图 B-3-71 添加管道颜色后的绘制效果　　　　图 B-3-72 横管与立管未连接显示效果

（2）在平面上绘制一个参照平面，使得立管中心、主横管与参照平面对齐，如图 B-3-73 所示。

（3）绘制一段横干管，转到三维视图，如图 B-3-74 所示。

图 B-3-73 绘制参照平面　　　　图 B-3-74 绘制一段横干管

（4）选择"修改"选项卡"修改"面板下的"修剪延伸"命令，如图 B-3-75 所示，横干管与立管连接，如图 B-3-76 所示。

图 B-3-75 选择"修剪延伸"命令

图 B-3-76 完成横干管与立管连接

（四）学习结果评价（表 B-3-5）

表 B-3-5 创建给水排水系统模型学习结果评价表

序号	评价内容	评价标准	评价结果（是/否）
1	管道设置	能掌握管道类型创建的操作 能掌握管道类型的设置内容 能掌握管道系统创建的操作 能掌握管道系统的设置内容	□是　□否 □是　□否 □是　□否 □是　□否
2	系统建模	能掌握管道绘制的方法 能掌握管件、附件和设备的放置方法	□是　□否 □是　□否
3	模型标注	能掌握管道标注的方法	□是　□否

五、课后作业

1. 根据图 B-3-77 绘制出建筑形体，建筑层高为 3.9m，包括墙、门、卫浴装置等，未标明尺寸不作明确要求。

2. 根据管井内各主管位置，自行设计卫生间内的给水排水路线。排水管坡度为 1%，通气管坡度为 1%，给水排水管道穿墙时的开洞情况不考虑，洗手盆热水管道不考虑。请将模型以"卫生间设计+姓名"为文件名保存。

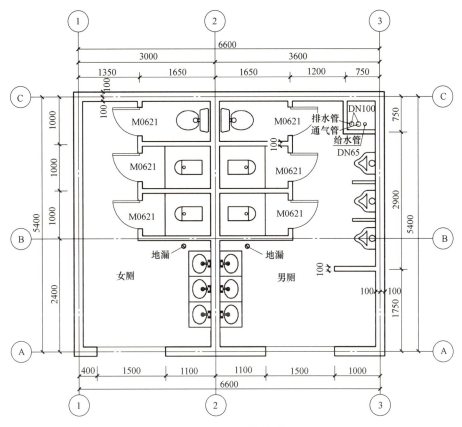

图 B-3-77　卫生间给水排水平面图

> **德育链接**
>
> ### 把握时代机遇和使命，弘扬"军钢精神"
>
> 　　新兴铸管始建于 1971 年，前身为军队唯一的钢铁联合企业——中国人民解放军第二六七二工厂。历经 50 年沧桑巨变，新兴铸管牢牢把握新时代赋予的机遇和使命，继承和发扬"军钢精神"，自 1993 年第一支球墨铸铁管诞生至今，已有 30% 的产品出口到世界 120 个国家和地区，国内市场占有率居绝对领先优势。
>
> 　　**德育提示**：增强自身严谨的工作作风、强烈的责任心和大国工匠精神。

职业能力 B-3-3　能正确创建电气系统模型

一、核心概念

1. 建筑电气系统：是管理建筑用电的系统。建筑电气系统主要有下述 5 个部分：变电和配电系统、动力设备系统、照明系统、防雷和接地装置、弱电系统。

2. 动力设备系统：建筑物内有很多动力设备，如水泵、锅炉、空气调节设备、送风机和排风机、电梯、试验装置等。这些设备及其供电线路、控制电器、保护继电器等，组成动力设备系统。其主要组件包括连接组件（供电线缆、控制电缆、桥架、线管、线槽）、连接配件（线缆连接件、线管连接件、桥架连接件）和电气设备（动力配电箱、设备控制箱）。

3. 照明系统：是在建筑物中将电能转化为光能，为人们提供视觉工作必要的光环境系统。其主要组件包括连接组件（供电线缆、控制线缆、桥架）、连接配件（线缆连接件、线管连接件、线槽连接件、桥架连接件）和设备（光源、灯具、照明配电箱、开关、插座）。

二、学习目标

1. 掌握电缆桥架类型的创建和设置方法，线管类型的创建和设置方法。
2. 掌握桥架、线管绘制方法，电气设备的放置方法。
3. 掌握电气系统的模型标注方法。

三、基本知识

（一）图纸信息

1. 本项目电缆桥架的宽度为 300m，高度为 100mm，偏移量为 3550mm。
2. 电气照明信息：照明设备有双管吸顶灯、环形吸顶灯，照明回路采用 BV-3.5mm^2 导线。

（二）电气系统模型创建的主要命令

1. 通过"项目浏览器"→"族"→"电缆桥架"选项，可基于自带的两种桥架分类（带配件的电缆桥架、无配件的电缆桥架）来添加新的电缆桥架类型。
2. 通过"电缆桥架"命令，可创建电缆桥架。
3. 通过"属性"面板，可选择电缆桥架类型。
4. 通过"修改|放置 电缆桥架"选项卡，可指定电缆桥架尺寸、偏移量和放置方式。
5. 通过"电气设备"或"载入族"命令可添加电气设备。

（三）电气系统创建流程

电气系统创建流程：绘制电缆桥架→绘制线管→放置设备→绘制导线→模型标注。

四、能力训练

（一）操作条件

××人民法庭办公楼的电气施工图（简称电施）01、02、10、11；Revit 软件。

（二）操作效果（图 B-3-78）

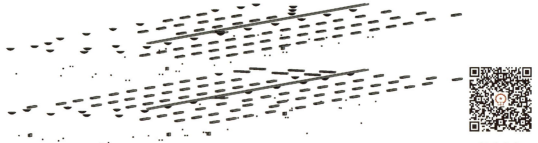

图 B-3-78 电气系统效果图

创建电气系统模型

（三）操作过程（表 B-3-6）

表 B-3-6　创建电气系统模型的操作过程

序号	步骤	操作方法及说明
1	绘制电缆桥架	（1）单击"系统"选项卡，选择"电缆桥架"选项，进入电缆桥架绘制模式，如图 B-3-79 所示。 图 B-3-79　选择"电缆桥架" （2）选择电缆桥架类型。在电缆桥架"属性"面板中单击"编辑类型"，选择带配件的梯形电缆桥架，创建一个新的电缆桥架，命名为"CT-300×100"，如图 B-3-80 所示。 图 B-3-80　创建电缆桥架 （3）选择电缆桥架尺寸和指定偏移量。在选项栏中设置电缆桥架的宽度为 300m，高度为 100mm，偏移量为 3550mm，如图 B-3-81 所示。 图 B-3-81　设置电缆桥架参数

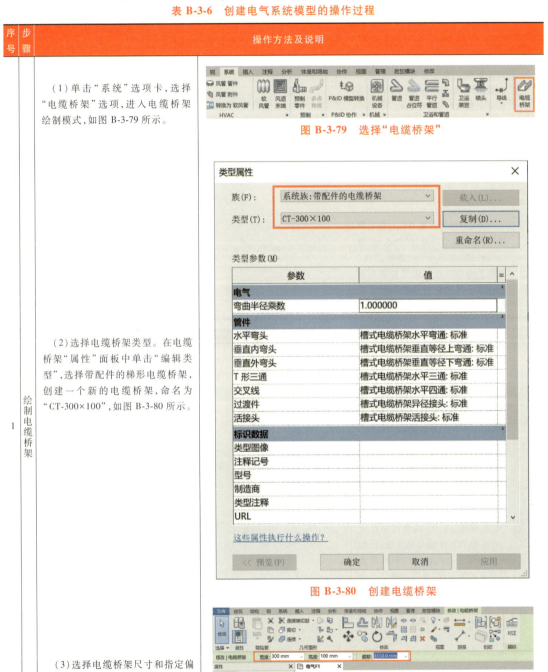

（续）

序号	步骤	操作方法及说明
1	绘制电缆桥架	（4）指定电缆桥架起点和终点。单击以确定电缆桥架的起点位置，再次单击以确定电缆桥架的终点位置，绘制如图 B-3-82 所示的电缆桥架。修改"视图控制栏"中的详细程度为"精细"，"模型图形样式"为"线框"。单击"修改|电缆桥架"→"编辑"→"对齐"，使电缆桥架的中心线与CAD图纸中的电缆桥架中线对齐，如图 B-3-82 所示。 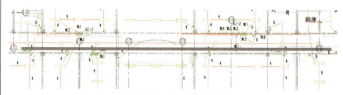图 B-3-82　对齐电缆桥架 （5）电缆桥架放置方式。在绘制电缆桥架时，可以通过"修改|放置电缆桥架"选项卡内"放置工具"面板上的命令指定电缆桥架的放置方式。具体步骤和绘制管道类似，此处不再赘述。
2	绘制电缆桥架三通、四通和弯头	（1）电缆桥架弯头的绘制。在绘制状态下，直接改变绘制方向，即可自动生成弯头，如图 B-3-83 所示。 图 B-3-83　电缆桥架弯头的绘制 （2）电缆桥架三通的绘制。单击"电缆桥架"工具，或使用快捷键<CT>，输入宽度值与高度值，绘制电缆桥架。把光标移动到桥架合适位置的中心处，单击以确认支管的起点，再次单击以确认支管的终点，在主管与支管的连接处会自动生成三通，如图 B-3-84 所示。 图 B-3-84　电缆桥架三通的绘制 （3）电缆桥架四通的绘制。先绘制一根电缆桥架，再绘制与之相交叉的另一根，两根电缆桥架的标高一致，第二根电缆桥架横贯第一根，可以自动生成四通，如图 B-3-85 所示。 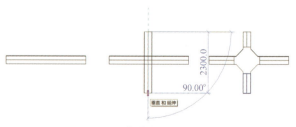图 B-3-85　电缆桥架四通的绘制

(续)

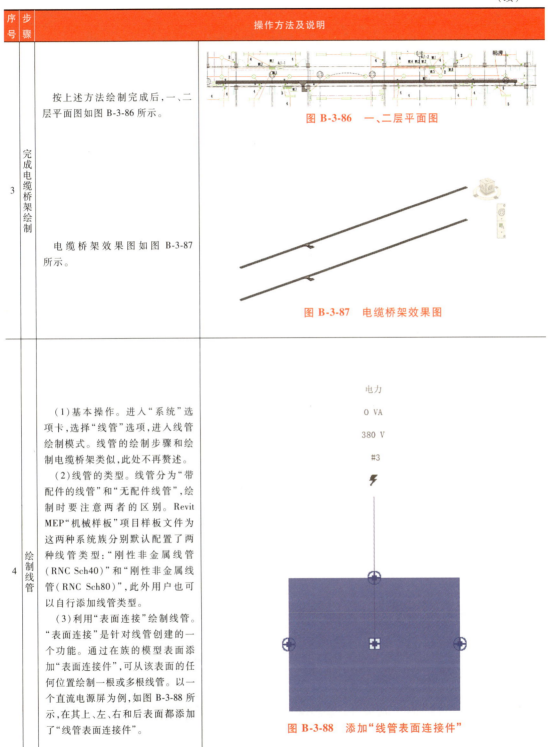

序号	步骤	操作方法及说明
3	完成电缆桥架绘制	按上述方法绘制完成后,一、二层平面图如图 B-3-86 所示。 图 B-3-86　一、二层平面图 电缆桥架效果图如图 B-3-87 所示。 图 B-3-87　电缆桥架效果图
4	绘制线管	(1)基本操作。进入"系统"选项卡,选择"线管"选项,进入线管绘制模式。线管的绘制步骤和绘制电缆桥架类似,此处不再赘述。 (2)线管的类型。线管分为"带配件的线管"和"无配件线管",绘制时要注意两者的区别。Revit MEP"机械样板"项目样板文件为这两种系统族分别默认配置了两种线管类型:"刚性非金属线管(RNC Sch40)"和"刚性非金属线管(RNC Sch80)",此外用户也可以自行添加线管类型。 (3)利用"表面连接"绘制线管。"表面连接"是针对线管创建的一个功能。通过在族的模型表面添加"表面连接件",可从该表面的任何位置绘制一根或多根线管。以一个直流电源屏为例,如图 B-3-88 所示,在其上、左、右和后表面都添加了"线管表面连接件"。 电力 0 VA 380 V #3 图 B-3-88　添加"线管表面连接件"

(续)

序号	步骤	操作方法及说明
4	绘制线管	右击上表面连接件，在弹出的快捷菜单中选择"从面绘制线管"选项，如图 B-3-89 所示。在这个面上移动线管连接件的位置，单击"完成连接"选项，即可从这个面的某一位置引出线管，如图 B-3-90 所示。 图 B-3-89 选择"从面绘制线管" 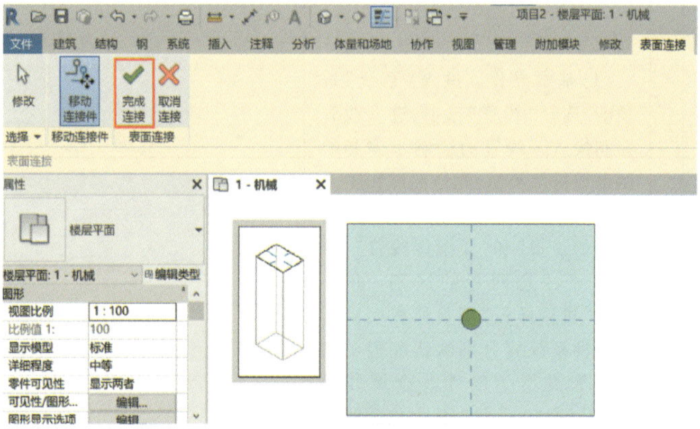 图 B-3-90 完成连接 使用同样的方法可以从这个面上引出多路线管，如图 B-3-91 所示。 图 B-3-91 线管表面连接件效果图

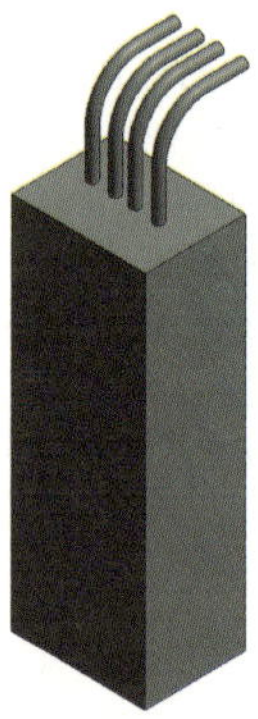

（续）

序号	步骤	操作方法及说明
4	绘制线管	类似地，还可以右击设备立面方向的线管表面连接件，在弹出的快捷菜单中选择"从面绘制线管"选项，进入设备的立面视图来绘制线管，如图 B-3-92 和图 B-3-93 所示。 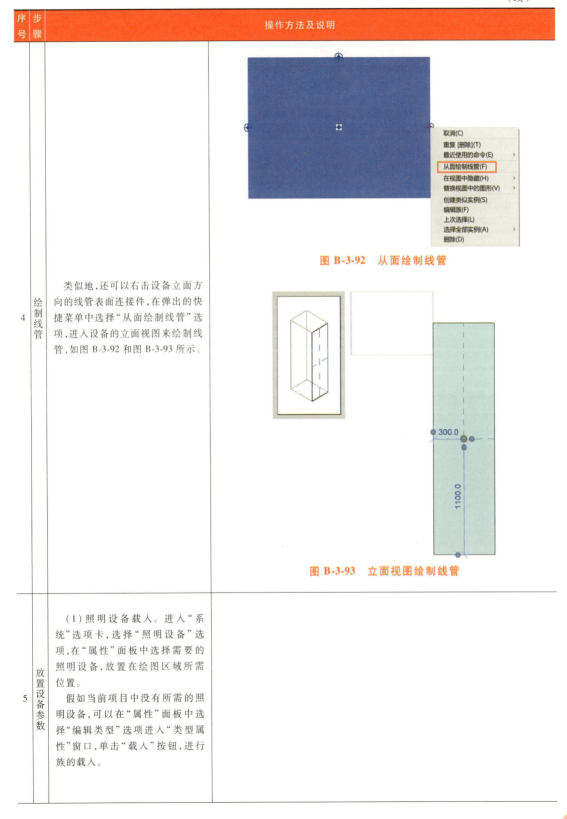 图 B-3-92　从面绘制线管 图 B-3-93　立面视图绘制线管
5	放置设备参数	（1）照明设备载入。进入"系统"选项卡，选择"照明设备"选项，在"属性"面板中选择需要的照明设备，放置在绘图区域所需位置。 假如当前项目中没有所需的照明设备，可以在"属性"面板中选择"编辑类型"选项进入"类型属性"窗口，单击"载入"按钮，进行族的载入。

（续）

序号	步骤	操作方法及说明
5	放置设备参数	（2）照明设备放置方法。放置基于面的设备时（如基于工作平面、基于墙、基于天花板等），要选择放置的方式，包含以下三种："放置在垂直面上""放置在面上"和"放置在工作平面上"。以"放置在面上"为例，放置双管吸顶灯，单击"载入族"，选择"双管吸顶式灯具-T5"，如图 B-3-94 所示。 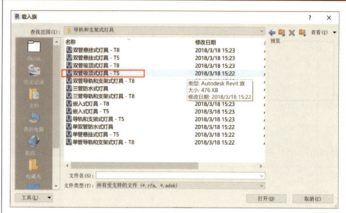 图 B-3-94　载入"双管吸顶式灯具-T5" 进入"系统"选项卡，选择"照明设备"选项，如图 B-3-95 所示。  图 B-3-95　选择"照明设备" 软件默认"放置在垂直面上"，单击"放置在面上"，如图 B-3-96 所示。  图 B-3-96　单击"放置在面上" 这时在天花板上可预览到双管吸顶灯。单击双管吸顶灯图样，如图 B-3-97 所示。 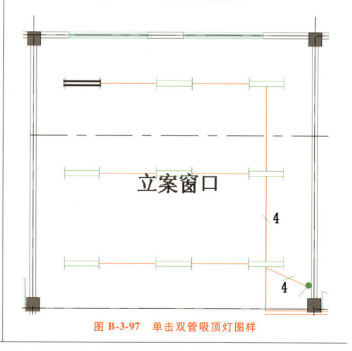 图 B-3-97　单击双管吸顶灯图样

(续)

序号	步骤	操作方法及说明
5	放置设备参数	按照同样方法依次将剩下的双管吸顶灯和环形吸顶灯放置完成,然后进行开关的放置。单击"载入族",载入开关,如图 B-3-98 所示。 进入"系统"选项卡,选择"设备"选项,在"属性"面板中选择图纸中对应的开关,如图 B-3-99 所示。 软件默认"放置在垂直面上",将光标定位到所要放置的内墙上,单击放置开关。灯具与开关放置完成后的效果如图 B-3-100 所示。
6	绘制导线	(1)进入"系统"选项卡,选择"导线"选项中的"带倒角导线",如图 B-3-101 所示。

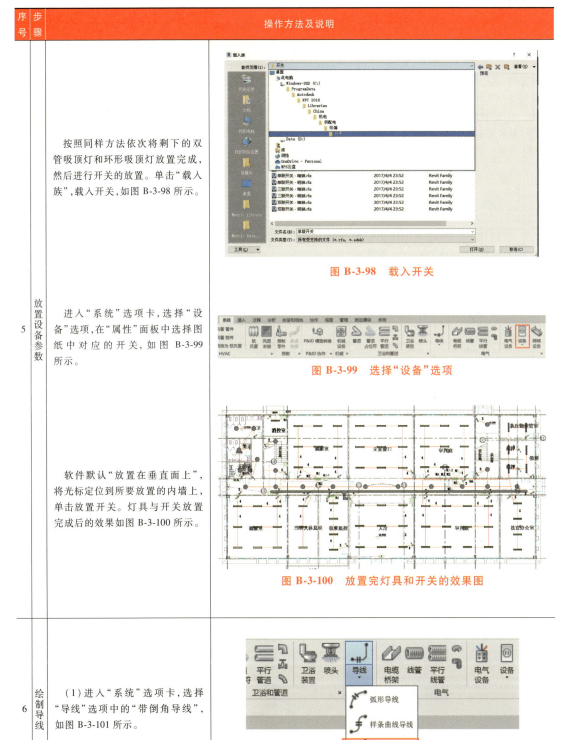

图 B-3-98 载入开关

图 B-3-99 选择"设备"选项

图 B-3-100 放置完灯具和开关的效果图

图 B-3-101 选择"带倒角导线"

(续)

序号	步骤	操作方法及说明
6	绘制导线	（2）按照 CAD 底图进行导线的绘制，绘制完成后的效果如图 B-3-102 所示。 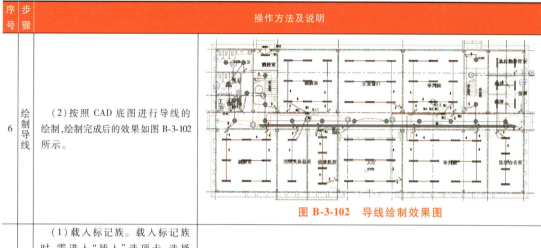 图 B-3-102　导线绘制效果图
7	模型标注	（1）载入标记族。载入标记族时，需进入"插入"选项卡，选择"载入族"→"注释"文件夹→"标记"文件夹→"电气"文件夹（例如"导线标记"），载入项目文件的标记族将显示在"项目浏览器"→"族"→"注释符号"中。 （2）添加标记 ①进入"注释"选项卡，选择"按类别标记"选项。在选项栏上，选择要应用到该标记的选项，如图 B-3-103 所示。  图 B-3-103　选择"按类别标记" "方向"：可将标记的方向指定为水平或垂直。 "标记"：可打开"载入的标记和符号"窗口，如图 B-3-104 所示。 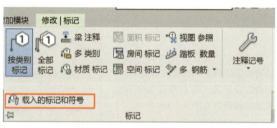 图 B-3-104　打开"载入的标记和符号" "载入的标记和符号"：在其中可以选择或载入特定构件的注释标记，例如"导线标记"。注意：在"载入的标记和符号"过滤器列表中应勾选"电气"复选框，如图 B-3-105 所示。 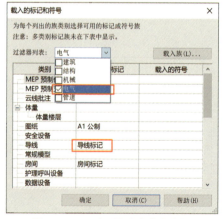 图 B-3-105　勾选"电气"复选框

(续)

序号	步骤	操作方法及说明
7	模型标注	"引线":可为该标记激活确定引线的长度和附着的参数。下拉选项为"附着端点"时,引线不可操作且为直线,但可对引线的长度进行设置;下拉选项为"自由端点"时,引线可自由转向。 ②设置好标记选项后,单击要在视图中标记的电气构件,即可为其添加标记,如图 B-3-106 所示为添加照明导线标记。 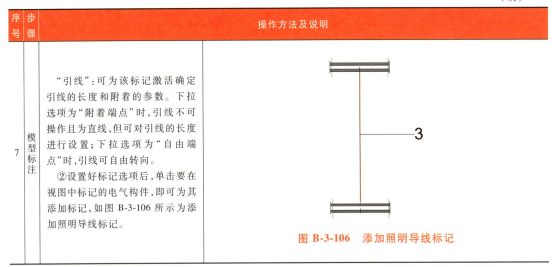 图 B-3-106　添加照明导线标记

 问题情境一

有高度差的电缆桥架重叠部分如何虚线显示?

操作方法:

(1) 不是同一高度的电缆桥架相交时,设置规程为"机械",视觉样式为"隐藏线",如图 B-3-107 所示。

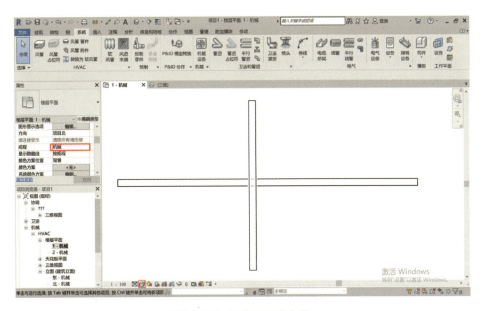

图 B-3-107　隐藏线设置方法一

(2) 在"系统"选项卡下,单击"电气"下拉菜单中的"电气设置"(快捷键〈ES〉),更改线样式为"隐藏线",如图 B-3-108 所示。这样绘制完成后,桥架有高差交叉处的两条线显示为虚线。

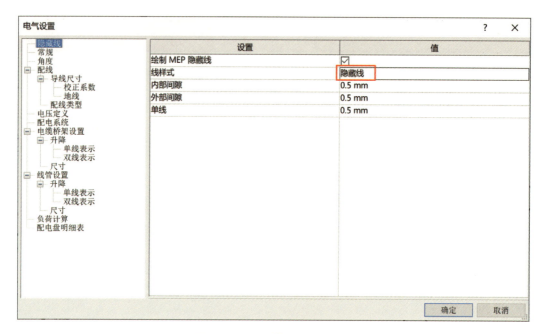

图 B-3-108　隐藏线设置方法二

 问题情境二

如何绘制直导线？

操作方法一：带倒角导线，修改"插入顶点"。

（1）右击需要修改为直角的带倒角导线，在弹出的快捷菜单中选择"插入顶点"命令，再单击选择倒角区域的一个点，如图 B-3-109 所示。

（2）修改完成的效果如图 B-3-110 所示。

图 B-3-109　绘制带倒角导线　　　　　　图 B-3-110　带倒角导线绘制完成效果图

操作方法二：利用样条曲线导线。

（1）选择直导线的起点，起点可以使用电气连接件，也可以是视图中的任意点。

（2）选择直导线的终点。

① 如果终点是视图中的点，选择该终点之后按<Esc>键或在功能区选项卡上单击"修改"命令退出导线绘制。

② 如果终点是电气连接件，则导线绘制命令会自动结束。

操作方法三：删除顶点。

（1）右击需要变成直导线的导线，在弹出的快捷菜单中选择"删除顶点"命令，如图 B-3-111 所示。

（2）用同样的方法删除该导线上的所有顶点，效果如图 B-3-112 所示。

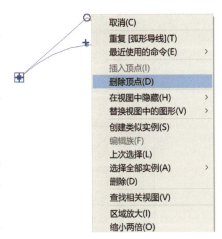

图 B-3-111　选择"删除顶点"

图 B-3-112　直导线完成效果图

（四）学习结果评价（表 B-3-7）

表 B-3-7　创建电气系统模型学习结果评价表

序号	评价内容	评价标准	评价结果（是/否）
1	桥架及线管设置	能掌握电缆桥架类型创建的操作 能掌握电缆桥架的设置内容 能掌握线管类型创建的操作 能掌握线管的设置内容	□是　□否 □是　□否 □是　□否 □是　□否
2	系统建模	能掌握桥架绘制的方法 能掌握线管绘制的方法 能掌握电气设备的放置方法	□是　□否 □是　□否 □是　□否
3	模型标注	能掌握标记族载入的操作 能掌握使用"族编辑器"进行修改的方法	□是　□否 □是　□否

五、课后作业

1. 根据图 B-3-113 创建建筑模型。建筑层高 3.9m，建筑模型包括轴网、墙、门、窗、楼板等相关构件，要求尺寸、位置正确。

2. 根据图 B-3-113 建立照明模型，按要求添加灯具、开关和照明配电箱。灯具高度为 3.2m，照明配电箱和开关均距地 1.4m 暗装。

3. 将办公室、走道、会议室灯具及开关分为三个电力系统与配电箱连接，按图 B-3-113 所示连接导线。

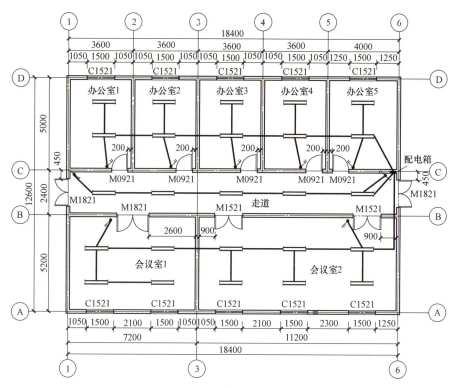

图 B-3-113　电气照明平面图

> **德育链接**
>
> ### 岭澳核电站二期
>
> 　　岭澳核电站二期是继大亚湾核电站、岭澳核电站一期后在广东地区建设的第三座大型商用核电站。岭澳核电站二期是拥有两台装机容量为 108 万 kW 的压水堆电机组的大型核电项目，正式拉开了我国核电建设由批量化开工到批量化投产的序幕。整个岭澳核电站是我国当前规模最大的核电站。"中国制造"是岭澳二期设备自主化、国产化进程的跳跃板，这些成绩的取得源于工程师们的辛苦付出。安全是他们坚守的底线；严慎细实是他们的工作作风；自主创新让他们走出了自己的风采。多年来，他们始终坚持绿色发展，追求核电与周边环境的和谐共处，他们是粤港澳大湾区繁荣发展的贡献者，也是建设美丽中国的先行者。因为他们的守护，天更蓝了，水更清了。
>
> 　　**德育提示：** 加强自身的创新精神、工匠精神以及民族自信心。

职业能力 B-3-4　能正确创建其他设备构件

一、核心概念

　　1. 构件：建筑设备构件是需要现场交付和安装的建筑图元（如泵、消火栓箱、灯具等）。在 Revit 中，构件是可载入族的实例，并以其他图元（即系统族的实例）为主体。例如，消火栓箱以墙为主体，而泵、锅炉等独立式构件以楼板或标高为主体。

2. 构件分类：构件分类信息以"共享参数"的方式添加到构件族属性中，通过过滤、筛选、排序等数库报表（明细表编辑）方式根据BIM模型应用需要分类统计。在BIM建模软件中，构件库分类是根据应用特点按建模规程和命令模块进行的分类，如注释、卫生器具、采暖、照明等。

二、学习目标

1. 掌握建筑设备构件的概念。
2. 掌握Revit软件中建筑设备构件的创建方法。
3. 掌握Revit软件中建筑设备构件连接件的创建方法。

三、基本知识

（一）构件三维模型创建的主要命令

1. 使用"拉伸"命令，可通过绘制一个封闭的拉伸端面并给予一个拉伸高度来建模。
2. 使用"融合"命令，可以将两个平行平面上的不同形状的端面进行融合建模。
3. 使用"旋转"命令，可创建围绕一根轴旋转而成的几何体。
4. 使用"放样"命令，可创建需要绘制或应用轮廓并沿路径拉伸此轮廓的族。
5. 使用"放样融合"命令，可创建具有两个不同轮廓的融合体，然后沿路径对其放样。
6. 使用"空心形状"命令，可创建空心模型。

（二）构件族的创建流程

构件族的创建流程：选择族的样板→设置族类别和族参数→创建族的类型和参数→创建实体→设置可见性→添加族的连接件。

四、能力训练

以"基于墙的公制常规模型"为样板文件，创建配电箱。

（一）操作条件

Revit软件。

（二）操作效果（图B-3-114）

创建其他设备构件

图B-3-114 配电箱三维模型

（三）操作过程（表 B-3-8）

表 B-3-8　创建其他设备构件的操作过程

序号	步骤	操作方法及说明
1	新建族文件	（1）打开 Revit，新建"基于墙的公制常规模型"文件，如图 B-3-115 所示。 图 B-3-115　新建"基于墙的公制常规模型" （2）此时"项目浏览器"下拉列表窗口中生成"参照标高"视图和"放置边"视图，如图 B-3-116 所示。 图 B-3-116　生成"参照标高"和"放置边"视图
2	创建参照平面	（1）进入立面"放置边"视图，单击"创建"选项卡，选择"参照平面"选项，如图 B-3-117 所示。 图 B-3-117　选择"参照平面" （2）以参考基线为中心，在两侧各创建一个竖向参照平面，在"参照标高"以上创建两个横向参照平面，用于定位配电箱的位置及定义其尺寸，如图 B-3-118 所示。 图 B-3-118　创建参照平面

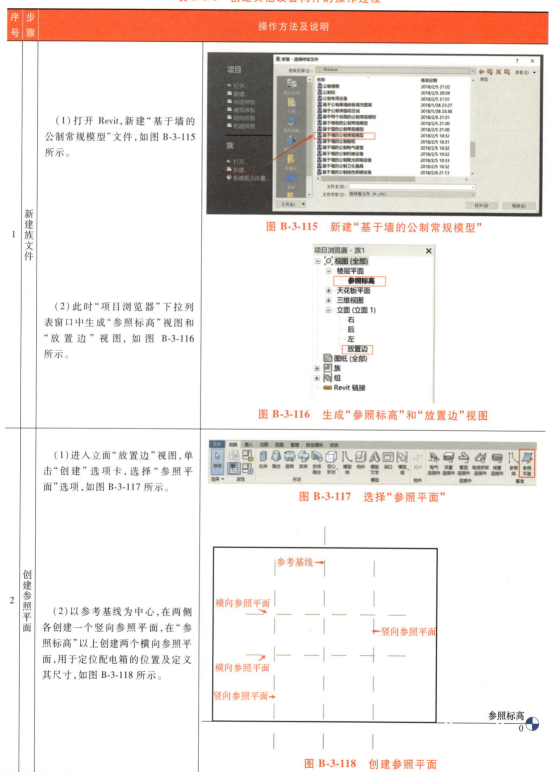

(续)

序号	步骤	操作方法及说明
3	尺寸标注	(1)标注基线之间的尺寸并进行等分(EQ)。对两个竖向参照平面的间距、两个横向参照平面的间距、底横向参照平面与"参照标高"的间距进行尺寸标注,如图B-3-119所示。 图 B-3-119 等分并标注参照平面 (2)进入楼层平面的"参照标高"视图,在"放置边"一侧绘制横向参照平面,并对横向参照平面与墙的"放置边"一侧平面间距进行尺寸标注,如图 B-3-120 所示。 图 B-3-120 绘制横向参照平面并进行尺寸标注 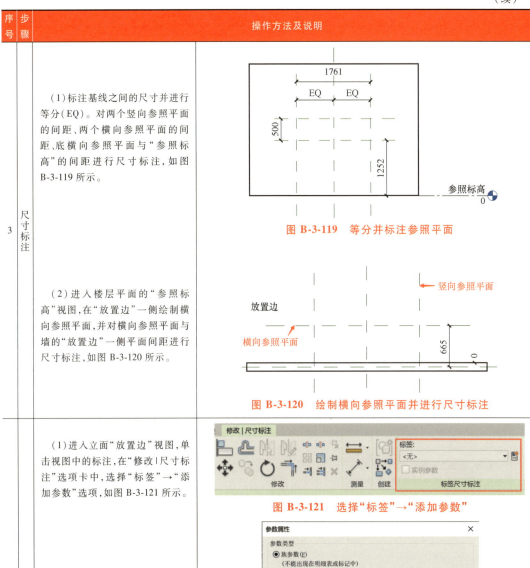
4	添加参数	(1)进入立面"放置边"视图,单击视图中的标注,在"修改|尺寸标注"选项卡中,选择"标签"→"添加参数"选项,如图 B-3-121 所示。 图 B-3-121 选择"标签"→"添加参数" (2)分别添加配电箱宽度、配电箱高度及配电箱安装高度的实例参数,如图 B-3-122 所示。 图 B-3-122 添加配电箱参数 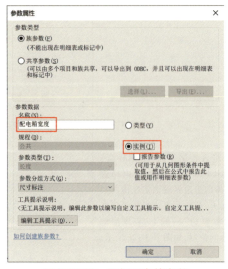

(续)

序号	步骤	操作方法及说明
4	添加参数	（3）配电箱进深的实例参数，需要进入楼层平面"参照标高"视图中添加。双击已定义的标注，对其数值进行修改，例如，配电箱宽度为600mm，配电箱高度为300mm，配电箱安装高度为1300mm，配电箱进深为200mm，如图 B-3-123 所示。 图 B-3-123　修改配电箱的实例参数
5	绘制配电箱箱体	（1）进入"创建"选项卡，选择"拉伸"选项，如图 B-3-124 所示。 图 B-3-124　选择"拉伸" 利用"绘制"工具栏中的"矩形"按钮绘制配电箱拉伸轮廓，并将轮廓线锁定到横向与竖向参照平面上，如图 B-3-125 所示。 图 B-3-125　绘制配电箱拉伸轮廓并锁定 （2）进入楼层平面"参照标高"视图，其拉伸尺寸即为配电箱进深，拉伸的上边界线锁定在横向参照平面上，拉伸的下边界线锁定在墙面"放置边"一侧上，完成配电箱箱体的绘制，如图 B-3-126 所示。 图 B-3-126　配电箱进深尺寸拉伸

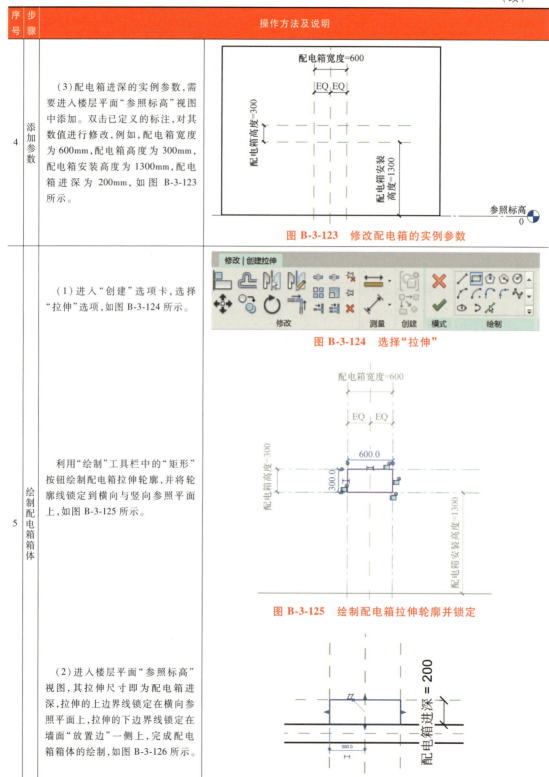

(续)

序号	步骤	操作方法及说明
6	创建线管连接件	进入"创建"选项卡,选择"线管连接件"选项,在"修改|放置 线管连接件"面板中选中"表面连接件"单选按钮。在配电箱上表面布置一个可以连接多个线管且无须设置管径的连接件,如图 B-3-127 所示。 图 B-3-127 创建线管连接件
7	修改族类别和族参数	单击"修改"选项卡中的"族类别和族参数"按钮,弹出"族类别和族参数"窗口,对该族进行归类,将明装照明配电箱归类在"电气"→"电气设备"类别中,如图 B-3-128 所示。 图 B-3-128 修改族类别和族参数

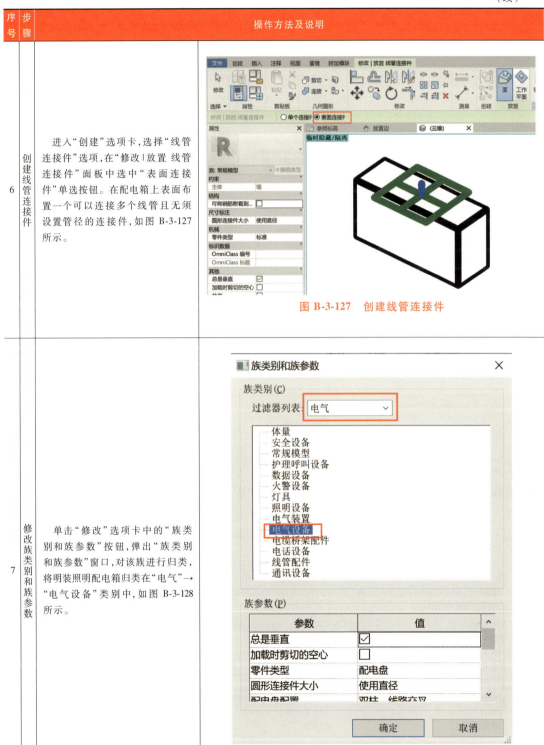

(续)

序号	步骤	操作方法及说明
8	修改族类型	单击"修改"选项卡中的"族类型"按钮,弹出"族类型"窗口,可以看到配电箱的一些非几何参数,包括:"电气"分组下的"电压""瓦特";"电气-线路"分组下的"中性额定值""中性母线""干线类型"等,如图 B-3-129 所示。若无所需参数,还可以通过单击"添加"按钮进行补充。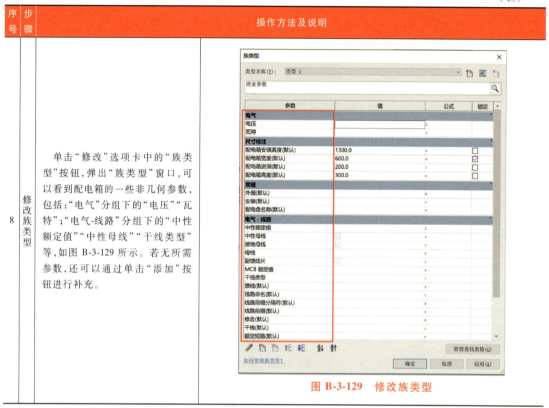 图 B-3-129 修改族类型

 问题情境一

如何制作变径弯头族?

操作方法:在现实生活中弯头是有变径的,可在 Revit MEP 自带的族里只是通过活接头来实现变径,而弯头是同径,不符合施工要求,下面讲解如何来制作变径弯头族。

(1) 新建一个公制常规模型族,在族类型中添加如图 B-3-130 所示的参数和公式。

参数	值	公式	锁定
图形			
使用注释比例(默认)	☐	=	
尺寸标注			
管半径一	120.0	=管道半径一 * 6 / 5	☐
管半径二	60.0	=管道半径二 * 6 / 5	☐
管道半径一	100.0	=	
管道半径二	50.0	=	
转弯半径	240.0	=管半径一 * 2	
长度 1(默认)	143.1 mm	=转弯半径 * tan(角度)	
角度(默认)	61.61°	=	☐

图 B-3-130 添加族参数和公式

(2) 在绘图区中绘制两条参照平面,并且添加参数,如图 B-3-131 所示。

(3)用"放样融合"和"圆心-端点弧"命令绘制路径,把路径的起点圆心和起点与参照平面全部对齐锁定,并给弧半径和角度添加参数,如图B-3-132所示。

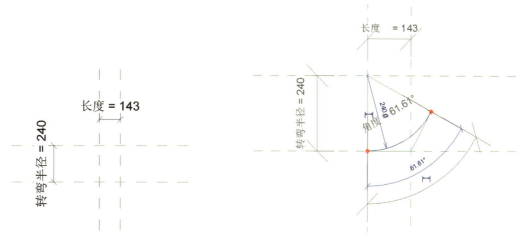

图B-3-131 绘制两条参照平面并添加参数　　图B-3-132 用"圆心-端点弧"命令绘制路径

下一步为绘制轮廓1和轮廓2,分别绘制两个圆,半径参数添加为管半径一和管半径二。确定后退出。

(4)模型搭建完成后,进入三维视图,给弯头添加管道连接件。首先,选择"管道连接件",如图B-3-133所示。在弯头两侧的面上分别添加一个连接件(必须捕捉在融合放样体的轮廓面上,可以按<Tab>键切换捕捉,否则会出错)。选中连接件,系统分类设为"管件",并且把连接件的参数关联起来,如图B-3-134所示。

图B-3-133 选择"管道连接件"

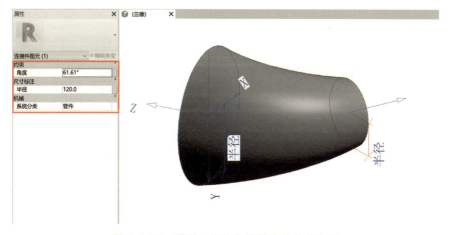

图B-3-134 弯头两侧添加连接件并关联参数

（5）两个连接件的半径分别关联管道半径一和管道半径二，角度全部关联角度参数。在"族类别和族参数"中进行如图 B-3-135 所示设置，然后保存，完成制作。

 问题情境二

在 Revit MEP 中绘制一个消防栓，若要在下面靠边处有一个管道连接件，又不想在消防栓的下面画一根多出来的管道，应如何实现呢？

操作方法：

（1）在新建公制常规模型族中，先绘制一个长方体的拉伸，如果现在就直接放管道连接件，必定会自动定位于消防栓底部中央处，因此可以事先绘制一个圆柱体的实心拉伸。注意圆柱体的下表面和长方体的下表面对齐，如图 B-3-136 所示。

（2）在下面的圆柱体上放管道连接件，如图 B-3-137 所示，将连接件的系统分类和半径设置好。

（3）用"修改"选项卡中的"连接"工具将长方体和圆柱体连接起来。圆柱体此时消失，只剩下原位置的连接件。

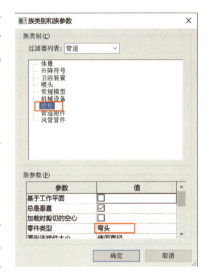

图 B-3-135 "族类别和族参数"设置

图 B-3-136 绘制圆柱体

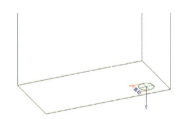

图 B-3-137 放置管道连接件

（四）学习结果评价（表 B-3-9）

表 B-3-9 创建其他设备构件学习结果评价表

序号	评价内容	评价标准	评价结果（是/否）
1	构件的概念和分类	根据不同构件的概念，掌握各专业构件的分类方法	□是 □否
2	构件的创建	掌握构件样板的创建步骤 掌握构件的命名规则 掌握构件参数的设置内容 掌握通过 Revit 软件创建三维构件的方法	□是 □否 □是 □否 □是 □否 □是 □否
3	构件连接件	掌握通过 Revit 软件创建构件连接件的方法	□是 □否

五、课后作业

根据图 B-3-138 和表 B-3-10，用构件集方式建立冷却塔模型。支座圆管直径为 65mm，图中标示不全之处请自行设置，将水管管口设置为构件参数，并通过改变参数的方式，根据表 B-3-10 中所给的管口直径设计连接图元。请将模型文件以"冷却塔+姓名"为文件名保存。

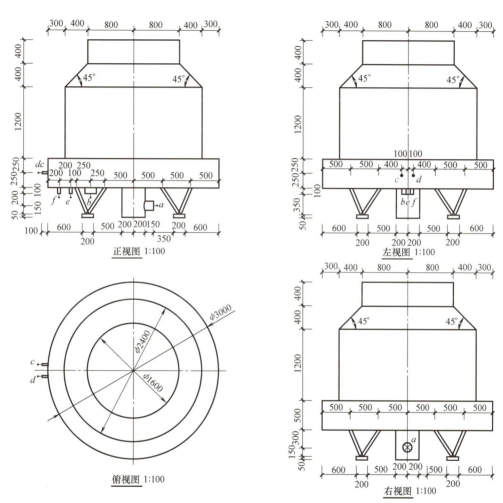

图 B-3-138 冷却塔详图

表 B-3-10 管口直径表

编号	名称	管径
a	冷却水管入口	DN = 150mm
b	冷却水管出口	DN = 200mm
c	手动补水管	DN = 40mm
d	自动补水管	DN = 40mm
e	排污管	DN = 65mm
f	溢水管	DN = 65mm

> **德育链接**
>
> ### 国之重器！格力磁悬浮黑科技
>
> 2014年3月，格力凭借自主创新成功突破核心技术壁垒，推出完全自主知识产权的磁悬浮变频离心机，成为国内唯一一家可以完全自主研发、制造磁悬浮压缩机和整机的企业。2019年，格力又下线了单机高达1300RT的磁悬浮离心机，以创新优势挺进技术"无人区"，为我国大型建筑节约更多的能耗。目前，格力已有30项技术被鉴定为"国际领先"，其中有27项与节能环保相关。"十四五"规划的开启对制造业低能耗、高效率、智能化的绿色发展之路提出了更高的要求。未来，格力将继续以"让天空更蓝、大地更绿"为愿景，以其"自主"力量展示创新成就，以"中国品牌"助力全球节能减排事业，让世界爱上"中国制造"。
>
> **德育提示：**加强自身严谨的工作作风，较强的责任心和大国工匠精神。

职业能力 B-3-5 能正确完成设备施工图输出

一、核心概念

建筑设备施工图：主要表示各种设备、管道和线路的布置、走向以及安装施工要求等。建筑设备施工图主要由图纸目录、设计说明、设备材料表、平面图、系统图、详图和标准图组成。建筑设备施工图按专业又分为给水排水施工图、供暖施工图、通风与空调施工图、电气施工图等。

二、学习目标

1. 掌握创建图纸并向图纸中添加视图的方法。
2. 掌握将建筑设备模型导出CAD图形文件的操作方法。
3. 掌握将建筑设备模型打印PDF图纸文件的操作方法。

三、基本知识

（一）图纸信息

1. 该项目图纸包括：暖通平面图2张（一层、二层），给水排水平面图2张（一层、二层），电气平面图4张（一层、二层照明，一层、二层电气），天花板平面图2张（一层、二层），立面图4张（东、南、西、北立面图），详图3张（详图0、1、2）。
2. 采用A2图纸布图和打印。

（二）施工图输出的主要命令

1. 图纸布图：通过"视图"选项卡中的"图纸"命令，可新建图纸；再通过"视图"选项卡中的"视图"命令，可将视图添加到图纸视图中。
2. 打印和导出图纸：单击"应用程序"按钮，选择"导出"→"CAD格式"→"DWG"选项，可导出图纸；选择"打印"下的"打印"选项，可打印图纸。

（三）施工图输出的流程

施工图输出的流程：打开模型文件→创建新图纸视图→添加视图→导出图纸→打印。

四、能力训练

(一) 操作条件

本书前文所创建的建筑设备模型文件；Revit 软件。

(二) 操作效果（图 B-3-139）

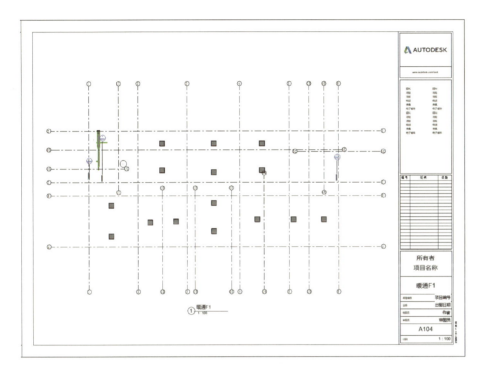

完成设备施工图输出

图 B-3-139　一层暖通平面导出图

(三) 操作过程（表 B-3-11）

表 B-3-11　设备施工图输出的操作过程

序号	步骤	操作方法及说明
1	新建图纸	在项目中新建图纸的方法有以下两种： (1) 进入"视图"选项卡，选择"图纸"选项，弹出"新建图纸"窗口，在"图纸组合"面板中单击"图纸"命令，如图 B-3-140 所示。 图 B-3-140　单击"视图"→"图纸"→"图纸"

（续）

序号	步骤	操作方法及说明
1	新建图纸	单击"载入"按钮，根据项目需要选择图框类型，如图 B-3-141 所示。 图 B-3-141　选择图框并载入 （2）在"项目浏览器"下拉列表窗口中右击"图纸"选项，在弹出的快捷菜单中选择"新建图纸"选项，根据项目需要选择图框类型，如图 B-3-142 所示。 图 B-3-142　右击"图纸"并"新建图纸"
2	添加图纸视图	（1）添加方法。打开新建的图纸，使用以下方法可将视图添加到图纸上。 　　在"项目浏览器"下拉列表窗口中，直接将视图拖拽到图纸中，如图 B-3-143 所示。 图 B-3-143　将视图拖拽到图纸中

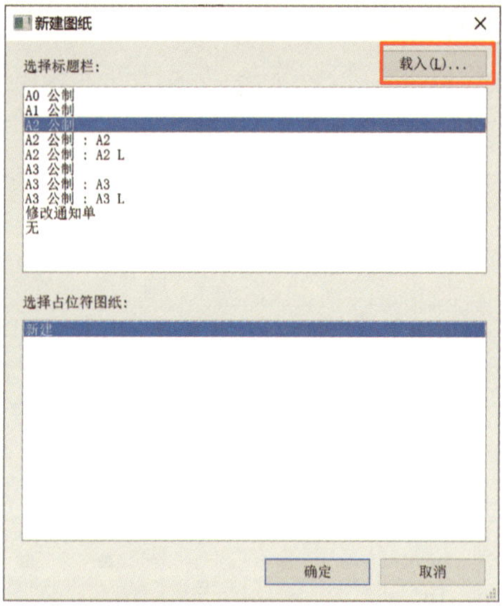

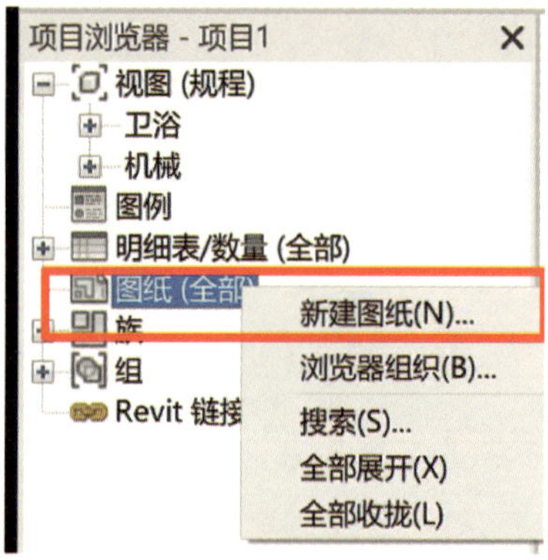

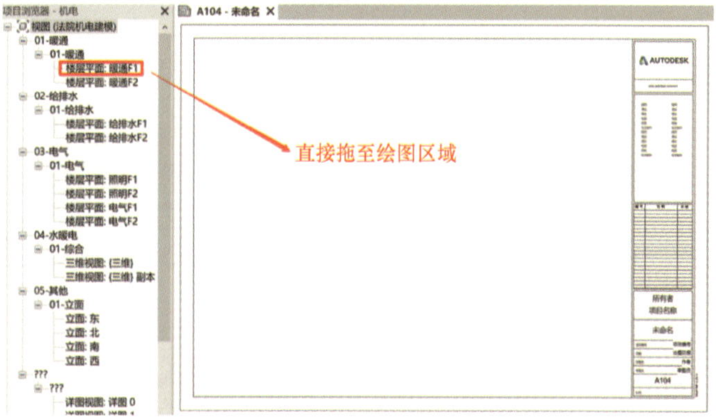

(续)

序号	步骤	操作方法及说明	
2	添加图纸视图	或者在图纸视图中,进入"视图"选项卡,选择"视图"选项,弹出"视图"窗口,选择所要添加的视图,如"楼层平面:暖通F1",单击"在图纸中添加视图"按钮,如图B-3-144所示。	 图 B-3-144 在图纸中添加视图
		(2)视口与视图标题。视图放置在图纸上,称为视口。视口与窗口相似,通过视口可以看到相应的视图。每添加一个视图,将自动为该视图添加一个视图标题,视图标题显示视图名称、缩放比例以及编号信息,如图B-3-145所示。	图 B-3-145 视图标题
		单击视口,使用"修改视口"选项卡中"激活视图"命令可以直接进入视图窗口编辑该视图,如尺寸标注、添加文字等。 单击视口,将标题栏中蓝色的圆点激活,通过拖动视图标题栏中的圆点可以修改标题延伸线长度。 单击标题栏,出现"移动"符号,可对标题栏进行移动。 注意:一个视图只能添加到一张图纸上。如果要将同一视图添加到多张图纸上,可以使用"视图复制",将复制的视图添加到所需图纸上。 (3)锁定视图。单击视口,使用"锁定"命令可以锁定视图在图纸中的位置。	

（续）

序号	步骤	操作方法及说明
3	打印与图纸导出	(1) 导出 CAD 图形文件 ① 选择左上角 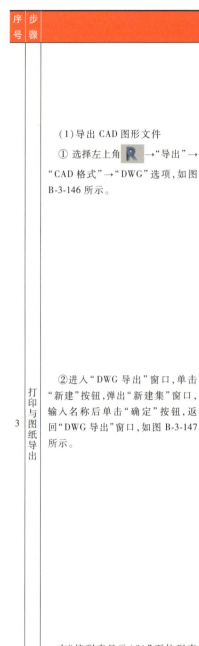 →"导出"→"CAD 格式"→"DWG"选项，如图 B-3-146 所示。  图 B-3-146　导出 CAD 图形文件 ② 进入"DWG 导出"窗口，单击"新建"按钮，弹出"新建集"窗口，输入名称后单击"确定"按钮，返回"DWG 导出"窗口，如图 B-3-147 所示。  图 B-3-147　新建集并输入名称 在"按列表显示(S)"下拉列表中选择"模型中的图纸"选项，勾选需要导出 DWG 文件的视图，如图 B-3-148 所示。 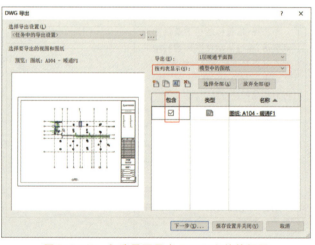 图 B-3-148　勾选需要导出 DWG 文件的视图

（续）

序号	步骤	操作方法及说明
3	打印与图纸导出	③单击"下一步"按钮，选择保存目标文件的路径，单击"确定"按钮，保存导出文件。 （2）打印PDF图纸文件 ①选择左上角 R →"打印"→"打印"选项，如图B-3-149所示。 ②打开"打印"窗口，在打印机"名称"下拉列表中选择与PDF有关的打印方式，如图B-3-150所示。 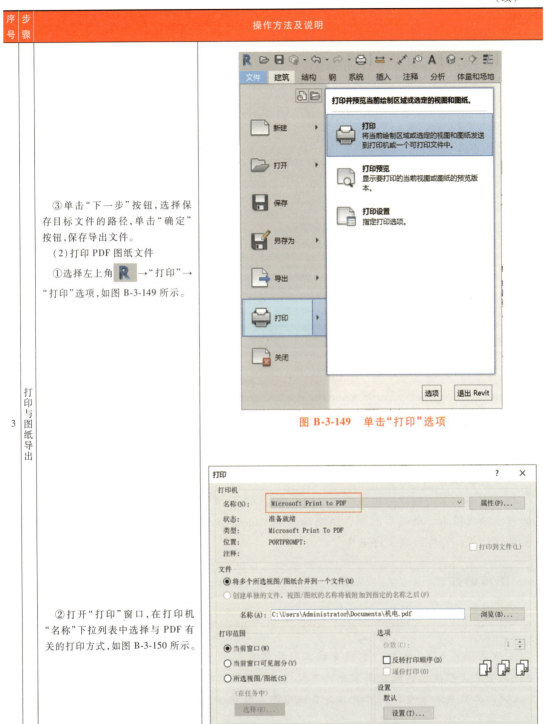 图 B-3-149　单击"打印"选项 图 B-3-150　选择与PDF有关的打印方式

(续)

序号	步骤	操作方法及说明
3	打印与图纸导出	③在"打印范围"中选中"所选视图/图纸"单选按钮,单击"选择"按钮,在弹出的"视图/图纸集"窗口中勾选需要打印的图纸或视图。单击"确定"按钮,保存打印的 PDF 文件,如图 B-3-151 所示。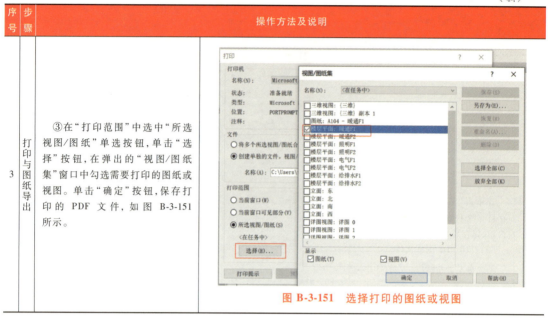 图 B-3-151　选择打印的图纸或视图

(四) 学习结果评价 (表 B-3-12)

表 B-3-12　设备施工图输出学习结果评价表

序号	评价内容	评价标准	评价结果(是/否)
1	图纸布图	能掌握创建图纸并向图纸中添加视图的方法	□是　□否
2	打印与图纸导出	能掌握将建筑设备模型导出 CAD 图形文件的操作	□是　□否
		能掌握将建筑设备模型打印 PDF 图纸文件的操作	□是　□否

五、课后作业

打开本书前文所创建的建筑设备模型,建立 A2 尺寸图纸,按专业分别创建一层和二层的暖通、给水排水、电气平面图,图纸导出为 AutoCAD DWG 文件,并打印成 PDF 图纸文件,最终结果保存在姓名文件夹中。

德育链接

中国安装工程优质奖(中国安装之星)

"中国安装之星"(即"中国安装工程优质奖") 于1998年经建设部批准设立。作为我国安装工程建设领域最高荣誉,申报这一奖项的工程应具有新颖、实用性强等特点,旨在提高工程安装质量和投资效益,且被推荐工程均以获得省级安装工程质量奖为基础,再由中国安装协会组织实施核验进行"优中选优",被誉为"安装工程的鲁班奖"。获奖工程代表着国内安装工程的先进技术和质量水平,为提高我国安装工程质量水平起到了示范作用,推动了我国安装行业总体质量水平的提高。

德育提示:加强自身勇于创新、精益求精的精神。

工作领域 C　BIM 的后期处理

工作任务 C-1　BIM 建筑模型后期处理

职业能力 C-1-1　能正确进行模型浏览

一、核心概念

1. BIM 后期处理：在前期建模的基础上，将建筑的各项信息进行可视化展示，展示的方式有静态图片、报表和动态视频。

2. 过滤器：在搭建项目模型过程中，需要对各专业进行识别、区分以及控制各专业图元可见性等。过滤器用于优化在视图中选定的图元类别，可以按类别查看和编辑指定的图元并进行计数。

3. 模型浏览：对模型进行全方位观察，有"对于整体模型的自由查看""定位到某个视图进行查看""控制构件的隐藏和显示"三种方式。

二、学习目标

1. 能对整体模型进行自由查看，或定向到视图查看。
2. 能运用过滤器等工具控制构件的显示和隐藏。

三、基本知识

（一）图纸信息

1. 建筑概况：项目名称为××人民法庭办公楼，框架结构，地上 2 层，地下 1 层。

2. 外墙装修信息：外墙采用白色、浅灰、深灰涂料；钢筋混凝土平屋面，灰色英红瓦坡屋面。

3. 门窗信息：门有普通门和防火门；窗包括普通窗、无障碍门联窗、百叶窗。

（二）模型浏览的主要命令

1. 单击 ViewCube 角点或使用<Shift>键鼠标滚轮，可对模型进行 360°自由查看。

2. 使用右键快捷菜单"定向到视图"，可以定向打开任意楼层平面、立面及三维视图。

3. 单击"属性"面板"可见性/图形替换"后的"编辑"按钮，可以勾选要隐藏的构件。

4. 通过"过滤器"功能，可以临时隐藏或显示指定的构件。

（三）模型浏览流程

模型浏览流程：打开模型文件→整体模型自由查看→定向视图查看→控制构件的隐藏和

显示。

四、能力训练

（一）操作条件

××人民法庭办公楼的建施 01、02；Revit 软件。

（二）操作效果（图 C-1-1）

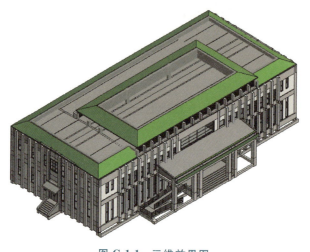

进行模型浏览

图 C-1-1 三维效果图

（三）操作过程（表 C-1-1）

表 C-1-1 模型浏览的操作过程

序号	步骤	操作方法及说明
1	整体模型自由查看	（1）单击"快速访问栏"中的"三维视图"按钮，切换到三维状态查看模型成果，如图 C-1-2 所示。 图 C-1-2 "三维视图"按钮 （2）使用 \<Shift\> 键 + 鼠标滚轮，对整体模型进行旋转查看，如图 C-1-3 所示。 图 C-1-3 整体模型旋转查看

(续)

序号	步骤	操作方法及说明
1	整体模型自由查看	（3）单击 ViewCube 上各角点进行视图的自由切换，方便对模型进行快速查看，如图 C-1-4 所示。 图 C-1-4　ViewCube 角点
2	定向视图查看	（1）在三维视图状态下，将光标放在 ViewCube 上，右击选择"定向到视图"，可以定向打开任意楼层平面、立面及三维视图。例如，定向打开"楼层平面-楼层平面：0层"，如图 C-1-5 所示。 图 C-1-5　选择"定向到视图" （2）模型外围有个矩形框，称为剖面框。取消勾选"属性"面板的"剖面框"，模型将全部显示出来（默认为俯视图状态），使用<Shit>键+鼠标滚轮，模型将再次在三维状态下展示，如图 C-1-6 所示。 图 C-1-6　取消勾选"剖面框"

（续）

序号	步骤	操作方法及说明
3	使用"可见性"控制构件的隐藏和显示	（1）在三维视图状态下，单击"属性"面板"可见性/图形替换"后的"编辑"按钮，弹出"三维视图:(三维)的可见性/图形替换"窗口，如图 C-1-7 所示。  图 C-1-7 "可见性/图形替换"的"编辑"按钮 （2）取消勾选"墙"构件类型，单击"确定"，关闭窗口，则三维模型中墙构件被全部隐藏，如图 C-1-8 所示。  图 C-1-8 取消勾选"墙"构件 （3）再次单击"属性"面板"可见性/图形替换"后的"编辑"按钮，在弹出的"三维视图:(三维)的可见性/图形替换"窗口中，勾选"墙"构件类型，单击"确定"，关闭窗口，则三维模型中墙构件恢复显示状态。
4	使用"过滤器"控制构件的选择状态	（1）在三维视图状态下，选择所有对象，单击功能区中的"视图"选项卡，然后选择"图形"面板，接着单击"过滤器"按钮，如图 C-1-9 所示。  图 C-1-9 "过滤器"按钮

(续)

序号	步骤	操作方法及说明
4	使用『过滤器』控制构件的选择状态	（2）在弹出的"过滤器"窗口中，勾选"隐藏未选中类别"，取消勾选"墙"，单击"确定"，关闭窗口，则三维模型中墙构件将不再处于选中状态，如图C-1-10所示。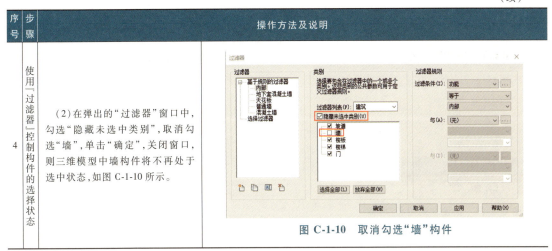 图 C-1-10　取消勾选"墙"构件

 问题情境一

如在浏览三维模型时想快速隐藏选中的构件，应如何操作？

操作方法：在三维视图状态下，选择模型中的一个结构柱图元，如图C-1-11所示。在弹出的快捷菜单中选择"隐藏类别"，则整个模型中的柱图元被全部隐藏，如图C-1-12所示。

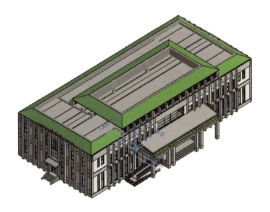 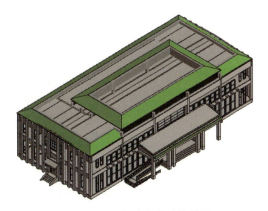

图 C-1-11　选择南立面柱子　　　　　　　图 C-1-12　临时隐藏后的效果

单击"视图控制栏"中的"临时隐藏/隔离"按钮，如图C-1-13所示。

图 C-1-13　临时隐藏/隔离

在弹出的快捷菜单中选择"重设临时隐藏/隔离"可恢复显示状态，如图C-1-14所示。

 问题情境二

浏览三维模型时想改变模型的显示效果，应如何操作？

操作方法：在三维视图状态下，单击"视图控制栏"→"视觉样式"中的"隐藏线"，如图 C-1-15 所示。

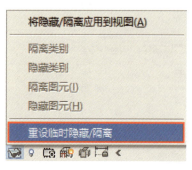

图 C-1-14　重设临时隐藏/隔离

图 C-1-15　隐藏线

在弹出的快捷菜单中选"隐藏线"模式以后，当前模型将以单色调显示，如图 C-1-16 所示。

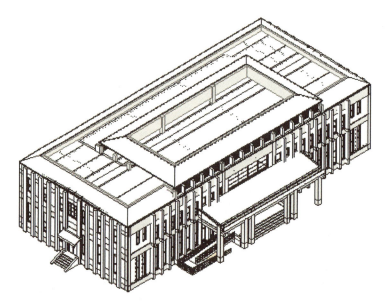

图 C-1-16　"隐藏线"视觉样式效果

在普通二维视图中，将"视觉样式"调整为"隐藏线"模式；在三维或相机视图中，将"视觉样式"设置为"着色"。这样可以充分使用计算机资源，同时满足图形显示方面的需要。

 问题情境三

如何运用剖面框实时观察建筑的内部结构？

操作方法：单击剖面框，在建筑的上、下、前、后、左、右方向分别出现一组蓝色箭头。选择前、后方向箭头中的一组，如图 C-1-17 所示，

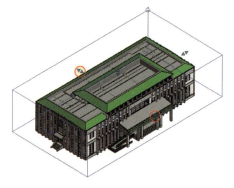

图 C-1-17　剖面框

单击并按住鼠标左键不动，沿箭头方向移动鼠标可对建筑进行剖切。将剖切平面确定到合适的位置即可得到建筑的剖面图，如图 C-1-18 所示。

单击"视图控制栏"中的"临时隐藏/隔离"，在弹出的快捷菜单中选择"隐藏图元"，则剖面框隐藏，如图 C-1-19 所示。再次单击"临时隐藏/隔离"，在弹出的快捷菜单中选择"重设临时隐藏/隔离"可恢复其显示状态。

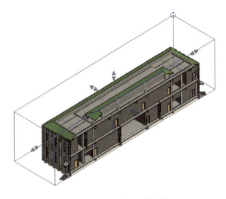

图 C-1-18　剖切后的效果

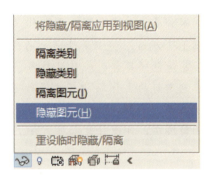

图 C-1-19　隐藏图元

（四）学习结果评价（表 C-1-2）

表 C-1-2　模型浏览学习结果评价表

序号	评价内容	评价标准	评价结果（是/否）
1	识读图纸中的项目概况、工程做法、装修等信息	能准确识读建筑的功能、面积、结构 能准确识读建筑的用料和室内外装修信息 能准确识读建筑的门窗、幕墙信息 能准确识读建筑的外墙装修信息	□是　□否 □是　□否 □是　□否 □是　□否
2	掌握"自由查看""定向查看"等命令	能熟练运用<Shift>键+鼠标滚轮对模型进行自由查看 能熟练运用 ViewCube 角点对模型进行自由查看 能熟练运用 ViewCube 右键菜单对模型进行定向查看	□是　□否 □是　□否 □是　□否
3	熟练控制构件的显示和隐藏	能熟练运用"属性"面板的"可见性/图形替换"命令控制构件的显示和隐藏 能熟练运用"过滤器"命令控制构件的显示和隐藏 能熟练运用"剖面框"对建筑进行剖切	□是　□否 □是　□否 □是　□否

五、课后作业

打开轨道实训楼的三维模型，按照图 C-1-20 所示，新建三维视图，该视图只显示建筑

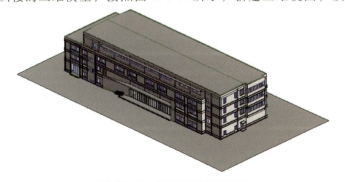

图 C-1-20　轨道实训楼效果图

的地上部分。视图中的构件需要着色,具体颜色自行决定即可。最终结果以"轨道实训楼整体效果图"为文件名保存。

> **德育链接**
>
> ### BIM 应用于国家会展中心
>
> 国家会展中心室内展览面积 40 万 m^2,室外展览面积 10 万 m^2,整个综合体的建筑面积达到 147 万 m^2,是世界上最大的综合体项目,首次实现了大面积展厅"无柱化"办展效果。总承包项目部引入 BIM 技术,为工程主体结构进行建模,然后把各专业建好的模型与总包建好的主体结构模型进行合模,有效地修正模型,解决施工矛盾,消除隐患,避免了返工、修整。
>
> 德育提示:加强自身敬业求实、创新争先的精神。

职业能力 C-1-2　能正确进行图片渲染

一、核心概念

1. 整体效果图:表达作品及其场景环境预期效果的近乎真实、直观的三维立体视图。

2. 局部效果图:表达作品局部组成部分或单个构件预期效果的三维立体视图。

3. 视觉样式:在不同场景下模型显示的视觉效果,按显示效果由弱到强可分为"线框""隐藏线""着色""一致的颜色"和"真实"5 种。

二、学习目标

1. 能通过参数设置对模型进行整体渲染。

2. 能运用相机设置对模型进行局部渲染。

三、基本知识

(一)说明

主体模型绘制完毕后,在 Revit 软件中对模型进行简单图片渲染制作,学习使用"渲染""相机""导出图像和动画"等命令渲染模型。

(二)渲染的主要命令

1. 单击"视图"选项卡"图形"面板中的"渲染"工具,设置参数进行整体渲染。

2. 单击"视图"选项卡"创建"面板"三维视图"下拉菜单中的"相机"工具,设置相机进行局部渲染。

(三)模型渲染流程

模型渲染流程:打开模型文件→整体模型自由查看→整体渲染→局部渲染。

四、能力训练

(一)操作条件

××人民法庭办公楼的建施 01、02;Revit 软件。

(二) 操作效果（图 C-1-21）

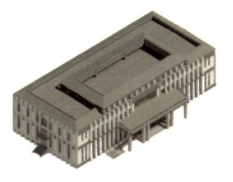

进行图片渲染

图 C-1-21　整体渲染效果图

(三) 操作过程（表 C-1-3）

表 C-1-3　图片渲染的操作过程

序号	步骤	操作方法及说明	
1	整体渲染	（1）单击快速访问栏中的"三维视图"，切换到三维状态查看模型成果，如图 C-1-22 所示。 （2）单击"视图"选项卡，在"演示视图"面板中单击"渲染"，打开"渲染"窗口，可以对窗口中的功能进行修改，如图 C-1-23 所示。 （3）在"质量"→"设置"右侧的下拉菜单中选择"中"。注意应根据计算机配置选择不同的渲染质量，计算机配置越高可选择越高的渲染设置，以保证得到更清晰的图片。"渲染"窗口中其他设置暂不修改。设置完成后单击窗口左上角"渲染"，如图 C-1-24 所示。	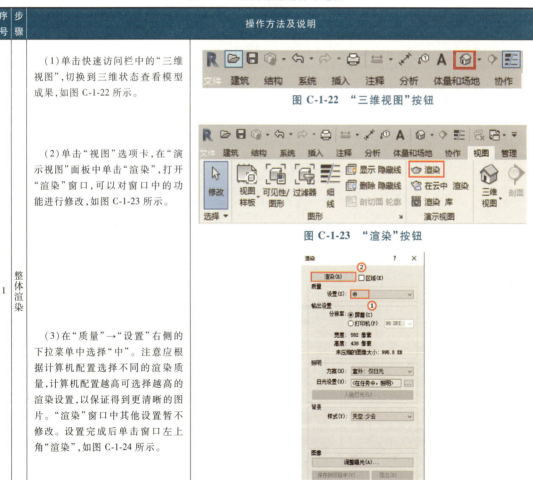 图 C-1-22　"三维视图"按钮 图 C-1-23　"渲染"按钮 图 C-1-24　渲染设置

(续)

序号	步骤	操作方法及说明
1	整体渲染	(4) 弹出"渲染进度"窗口,进度条显示100%后,图片渲染完成,如图 C-1-25 所示。 图 C-1-25　渲染进度 (5) 单击"渲染"窗口中的"保存到项目中",如图 C-1-26 所示,弹出"保存到项目中"窗口,设置保存名称为"整体渲染图片",单击"确定",关闭窗口。同时在"项目浏览器"中新增"渲染"视图类别,含有刚保存到项目的"整体渲染图片",如图 C-1-27 所示。 图 C-1-26　保存图片　　图 C-1-27　重命名图片 (6) 单击"渲染"窗口中的"导出",弹出"保存图像"窗口,指定存放路径为"Desktop\案例工程\法院\渲染图片",命名为"整体渲染图片",默认文件类型为"*.jpg,jpeg"格式,单击"保存"按钮,关闭窗口,如图 C-1-28 所示。将渲染的图片导出后,就可以脱离 Revit 软件打开图片。 图 C-1-28　导出图片

(续)

序号	步骤	操作方法及说明	
2	局部渲染	(1) 在三维视图状态下,单击"视图"选项卡,在"创建"面板中单击"三维视图"下拉菜单中的"相机",如图 C-1-29 所示。单击空白处放置相机,光标向模型位置移动,形成相机视角,如图 C-1-30 所示。	 图 C-1-29 "相机"按钮 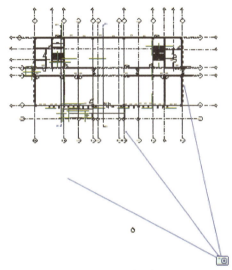 图 C-1-30 放置相机
		(2) 相机布置完成后,在"项目浏览器-建筑"中新增"三维视图"视图类别,此时含有刚才相机形成的"三维视图 1",如图 C-1-31 所示。	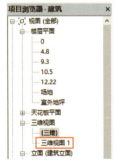 图 C-1-31 相机视图
		(3) 自动切换至"三维视图 1",单击视图控制栏中的"视觉样式",选择"真实",视图效果如图 C-1-32 所示。	 图 C-1-32 "真实"视觉样式

(续)

序号	步骤	操作方法及说明
2	局部渲染	（4）单击"视图"选项卡，在"图形"面板中单击"渲染"，弹出"渲染"窗口，对窗口中的功能按需进行设计。渲染完成后选择"保存到项目中"或"导出"到 Revit 软件之外。三维视图 1 最终渲染效果如图 C-1-33 所示。 图 C-1-33　渲染效果图

 问题情境一

渲染三维模型时，如何区分本地渲染和云渲染？

区别：本地渲染是 Revit 自带的 Mentalray 渲染引擎，操作简单易学，但是难以渲染出高质量的效果图，需要模型与材质的深度配合，注意调节光线与各个材质的关系，对计算机的配置要求较高。

云渲染（Autodesk Cloud）是从联机渲染库中访问渲染的多个版本，操作简便快速，不占用本机资源，可以充分利用云中几乎无限的计算能力快速创建高分辨率的渲染。但云渲染只能渲染小图，大图要进行收费并且尺寸也有限制，自定义材质贴图上传会丢失。

 问题情境二

局部渲染时，如何准确调整相机的位置及视角视点？

操作方法：单击"视图"选项卡，在"创建"面板中，单击"三维视图"下拉菜单中的"相机"，单击空白处放置相机，光标向模型位置移动，形成相机视角。

在"项目浏览器"中切换到 0 层平面图，分别单击图 C-1-34 中圆圈所示的 3 个位置，

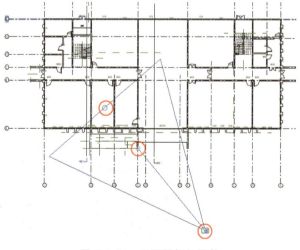

图 C-1-34　平面图相机调整

调整相机位置、视点、视角的大小，然后进入三维视图1观察相机视图的效果。

切换到南立面图，调整立面图中相机的位置、视点、视角等，观察相机视图的效果，如图 C-1-35 所示。

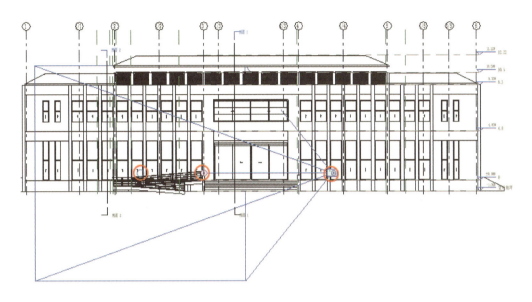

图 C-1-35　南立面图相机位置调整

将视觉样式改为"真实"，效果如图 C-1-36 所示。

图 C-1-36　"真实"视觉样式的相机视图

（四）学习结果评价（表 C-1-4）

表 C-1-4　图片渲染学习结果评价表

序号	评价内容	评价标准	评价结果（是/否）
1	整体渲染	能正确设置渲染参数 能根据需要正确保存渲染图片	□是　□否 □是　□否
2	局部渲染	能根据需要在三维视图中准确布置相机 能准确调整相机的视点、视角	□是　□否 □是　□否

五、课后作业

打开轨道实训楼的三维模型，按照图 C-1-37 所示的效果对模型进行渲染，设置蓝色背景，将结果以"轨道实训楼渲染图.jpg"为文件名保存。

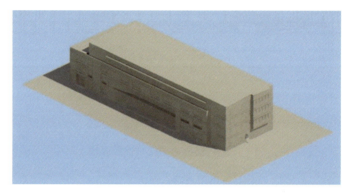

图 C-1-37　轨道实训楼渲染图

> **德育链接**
>
> **BIM 应用于苏州中南中心**
>
> 苏州中南中心建筑高度为 729m，应用 BIM 技术解决项目要求高、设计施工技术难度大、协作方众多、工期长、管理复杂等诸多问题。该项目的业主谈到"这个项目建成后将成为苏州城市的'新名片'，为保证项目的顺利进行，我们不得不从设计、施工到竣工全方面应用 BIM 技术。"为保证跨组织、跨专业的超高层 BIM 协同作业顺利进行，业主方选择了与广联云合作，共同搭建"在专业顾问指导下的多参与方的 BIM 组织管理"协同平台。
>
> **德育提示**：加强自身创新、精益、专注、敬业的精神。

职业能力 C-1-3　能正确实现漫游动画

一、核心概念

1.漫游：指沿着定义的路径（此路径由帧和关键帧组成）移动相机，创建一段可以向业主展示的连续的动画。

2. 关键帧：帧是动画中最小单位的单幅影像画面，关键帧指可修改相机方向和位置的可修改帧。

3. 过渡帧：也叫中间帧，是关键帧之间由软件自动创建和分配的时间。

二、学习目标

1. 能正确创建漫游路径。

2. 能正确编辑漫游并导出动画。

三、基本知识

（一）图纸信息

该建筑为××人民法庭办公楼，占地面积约 $1000m^2$，建筑总高 9.3m。该建筑有两层，主要出入口位于建筑南面，外设三级台阶和无障碍坡道，另外在西面还设有一个次要出入口。建筑南立面采用玻璃幕墙，墙体粉刷建筑涂料。

建筑结构形式为框架结构，屋面为不上人平屋面，四周挑高做玻璃坡屋面。

（二）漫游动画创建与导出的主要命令

1. 创建漫游路径：单击"视图"选项卡→"创建"面板→"三维视图"下拉菜单→"漫游"工具。从建筑物外围进行逐个点击，设置漫游路径。

2. 编辑漫游：单击"漫游"面板中的"编辑漫游"，进入"编辑漫游"上下文选项卡，编辑漫游路径上出现红色圆点。

3. 导出动画：单击界面左上角的应用程序按钮，选择"导出/图像和动画/漫游"，指定保存漫游动画的文件夹。

（三）漫游动画创建与导出流程

漫游动画创建与导出流程：打开模型文件→创建漫游动画→编辑漫游动画→导出动画。

四、能力训练

（一）操作条件

××人民法庭办公楼的建筑施工图；Revit 软件。

（二）操作效果（图 C-1-38）

图 C-1-38　漫游效果图

实现漫游动画

（三）操作过程（表 C-1-5）

表 C-1-5 漫游动画创建与导出的操作过程

序号	步骤	操作方法及说明
1	创建漫游路径	（1）双击"项目浏览器"中的"楼层平面图 0"，进入"0"层平面视图。 单击"视图"选项卡，在"创建"面板中单击"三维视图"下拉菜单中的"漫游"，如图 C-1-39 所示。  图 C-1-39 "漫游"按钮 进入"修改|漫游"选项卡，其他设置保持不变，从建筑物外围进行逐个单击（单击的位置为后期关键帧位置）。注意单击的位置距离建筑物远一点，以保证后期看到的漫游模型为整栋建筑。漫游路径设置完成后，单击"漫游"选项卡中的"完成漫游"，如图 C-1-40 所示。此时在"项目浏览器"的"漫游"视图类别下新增了"漫游 1"的动画。 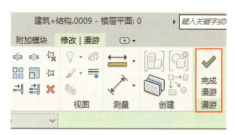 图 C-1-40 完成漫游 （2）双击"漫游 1"，激活"漫游 1"视图，单击"视图"选项卡，在"窗口"面板中单击"平铺"，将"漫游 1"视图与"0"层平面视图进行平铺展示，如图 C-1-41 所示。单击"漫游 1"视图中的矩形框，则"0"层平面视图中刚刚绘制的漫游路径被选择。 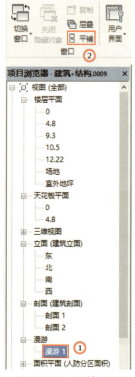 图 C-1-41 平铺视图

（续）

序号	步骤	操作方法及说明
2	编辑漫游动画	（1）编辑漫游路径，在"漫游 1"视图中显示漫游过程中模型的变化。单击"0"层平面视图，使之处于激活状态，如图 C-1-42 所示；单击"漫游"面板中的"编辑漫游"，进入"编辑漫游"状态。 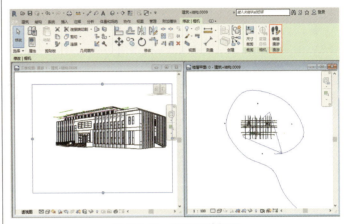 图 C-1-42　激活漫游视图 漫游路径上出现红色圆点，即为漫游动画的关键帧，大喇叭口即为当前关键帧下看到的视野范围，"小相机"图标为当前漫游视点位置，如图 C-1-43 所示。 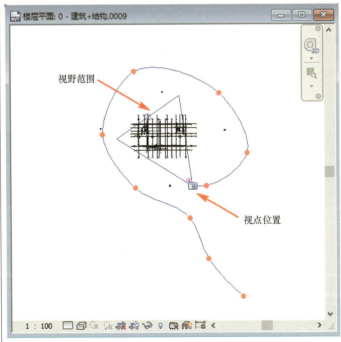 图 C-1-43　相机的视点与视野范围

(续)

序号	步骤	操作方法及说明
2	编辑漫游动画	（2）利用鼠标拖拽"小相机"图标，放在开始漫游的第一个关键帧位置，单击粉色的移动目标点，将视野范围（大喇叭口）对准 BIM 模型，如图 C-1-44 所示。 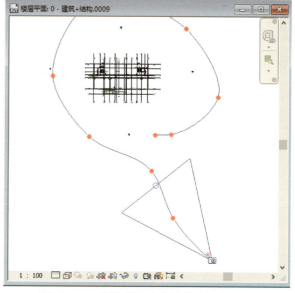 图 C-1-44　调整第一个关键帧的视点目标 单击并拖动大喇叭上的蓝色圆点，将视野范围扩大至覆盖整个 BIM 模型，如图 C-1-45 所示。 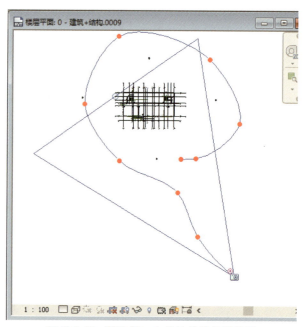 图 C-1-45　调整第一个关键帧的视野范围

(续)

序号	步骤	操作方法及说明
2	编辑漫游动画	(3)单击"漫游 1"视图,使之处于激活状态。单击"视图控制栏",在"视觉样式"菜单中选择"真实",如图 C-1-46 所示。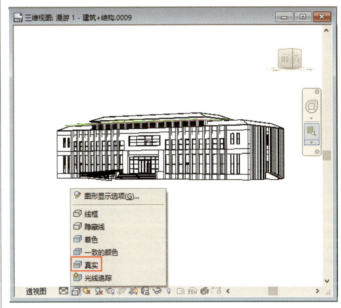图 C-1-46　第一个关键帧的"真实"视觉效果 (4)单击"漫游 1"视图中的矩形框,向外或向内拉伸四条边线上的蓝色圆点,调整显示模型区域的范围。也可以在"0"层平面视图中拖动大喇叭口的开口范围,使当前关键帧看到更多模型,如图 C-1-47 所示。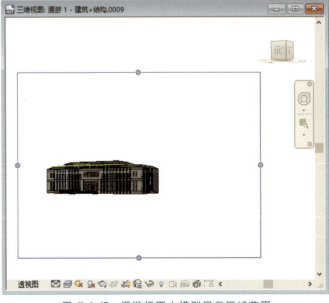图 C-1-47　漫游视图中模型显示区域范围

(续)

序号	步骤	操作方法及说明
2	编辑漫游动画	(5)单击"0"层平面视图,使之处于激活状态。单击"编辑漫游"选项卡"漫游"面板中的"下一关键帧",相机位置自动切换到下一个红色圆点位置,如图 C-1-48 所示。  图 C-1-48 "下一关键帧"工具按钮 (6)单击粉色的移动目标点,将视野范围(大喇叭口)旋转至对准 BIM 模型;单击蓝色圆圈并拖动,将视野范围(大喇叭口)扩大至覆盖整个建筑模型,如图 C-1-49 所示。 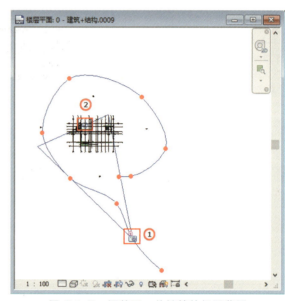 图 C-1-49 调整下一关键帧的视野范围 (7)重复上述操作步骤,按顺序编辑各个关键帧,最后将关键帧定在第一个起点即红色圆点位置,如图 C-1-50 所示。 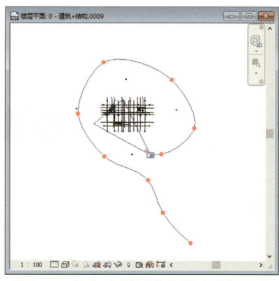 图 C-1-50 最后一个关键帧的视点与视野范围设置

(续)

序号	步骤	操作方法及说明
2	编辑漫游动画	(8)单击"漫游 1"视图，使之处于激活状态，单击"编辑漫游"选项卡，在"漫游"面板中单击"播放"按钮，预览编辑完成的漫游动画，如图 C-1-51 所示。 图 C-1-51 "播放"按钮 预览后可根据需要对漫游动画进行微调，单击"编辑漫游"选项卡中的"下一帧"，可编辑关键帧之间相机的视点位置和视野范围。 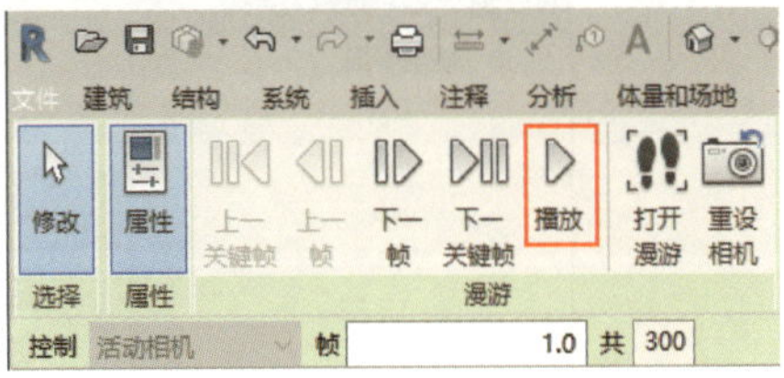
3	导出漫游动画	(1)单击"应用程序"按钮，再单击"导出→图像和动画→漫游"，如图 C-1-52 所示。 图 C-1-52 导出漫游动画 (2)导出的漫游动画可以脱离 Revit 软件进行播放展示。单击快速访问栏中的"保存"按钮，保存当前项目成果。

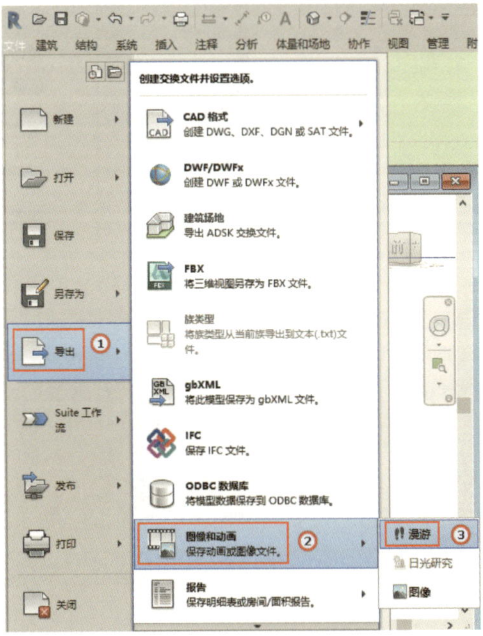

问题情境一

可以只导出整段漫游当中的一部分吗？

操作方法：可以，选择输出长度为"帧范围"，设置起点与终点的帧数值就可以了。

问题情境二

在编辑漫游的过程中，如果不小心退出，应如何重新进入编辑状态？

操作方法：单击"项目浏览器"中的"漫游视图1"，在右键快捷菜单中单击"显示相机"，此时在"0"层平面视图中显示出漫游的路径和位于关键帧上的相机，如图C-1-53所示。

图 C-1-53 "显示相机"按钮

单击"漫游"面板中的"编辑漫游"，即可进入"编辑漫游"状态，如图C-1-54所示。

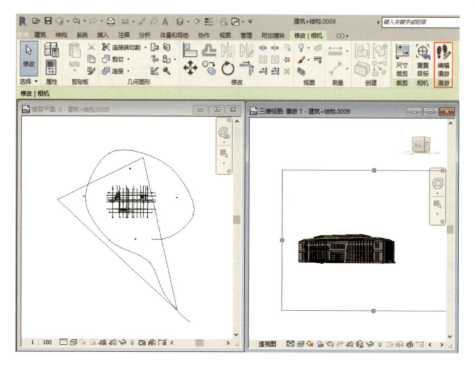

图 C-1-54 重新进入"编辑漫游"状态

（四）学习结果评价（表 C-1-6）

表 C-1-6　漫游动画学习结果评价表

序号	评价内容	评价标准	评价结果（是/否）
1	创建和编辑漫游路径	能根据视觉效果的要求创设漫游路径 能合理控制路径与建筑物之间的空间距离 能合理设置关键帧的视野范围和视角	□是　□否 □是　□否 □是　□否
2	导出漫游动画	能正确导出和保存动画 能运用视频剪辑软件对导出的动画进行剪辑与合成	□是　□否 □是　□否

五、课后作业

打开轨道实训楼的三维模型，按照图 C-1-55 所示的漫游路径对模型进行漫游动画制作，并将漫游动画导出，最终结果以"轨道实训楼漫游动画"为文件名保存在姓名文件夹中。

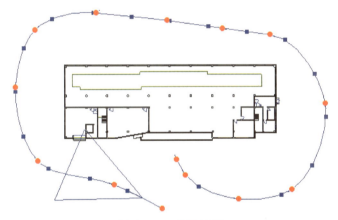

图 C-1-55　漫游路径

德育链接

房地产中的三维动画技术

在以前，房地产项目在没有建成时，无法进行实景拍摄；如今，利用计算机虚拟数字技术，房地产广告片可以很好地表达建成后效果。在房地产动画中，利用随意可调的镜头，进行鸟瞰、俯视、穿梭等任意游览，提升建筑物最终效果直观感受。数字光魔三维技术在楼盘环境中利用场景变化，了解楼盘周边的环境，动画中加入一些精心设计的飞禽、动物、穿梭于云层中的太阳等来烘托气氛，虚拟各种美景气氛。制作动画对计算机设备软硬件性能要求较高，均为 3D 数字工作站，对创作人员的要求更高，一部房地产广告片涉及专业有计算机、建筑、美术、电影、音乐等。三维动画从简单的几何体模型到复杂的人物模型，从单个的模型展示到复杂的场景，如道路、桥梁、隧道、市政、小区等，线型工程和场地工程的景观设计表现得淋漓尽致。

德育提示：多接触新科技，增强自身勇于创新的精神。

职业能力 C-1-4　能正确进行材料统计

一、核心概念

1. 建筑构配件：指构成建筑物的各个要素，分为建筑构件和建筑配件。建筑构件包括基础、墙、柱、楼面、屋面、梁、板、楼梯等；建筑配件是指除构件以外，不会对建筑物的结构和使用功能造成较大影响的附属配件，如栏杆、门窗及其把手铰链等。

2. 材料与材质：材料是人类社会所能接受的、可经济地制造有用物品的物质；材质是物体表面的质地，可以看成是材料和质感的结合。在渲染过程中，材质是物体表面各可视属性的结合，这些可视属性包括表面的色彩、纹理、光滑度、透明度、反射率、折射率、发光度等。

3. 图形柱明细表：将结构柱的相交轴线及其顶部、底部的约束和偏移显示在图表当中，图表中包括结构柱的标高、位置和图样等。

二、学习目标

1. 能创建模型中任意构件的明细表、数量。
2. 能统计并列出模型中各种构件的材质信息。

三、基本知识

（一）图纸信息

1. 用料说明和室内装修：砌体工程、室外工程、防潮防水、楼地面工程、屋面工程、装饰工程（构建装饰做法一览表）。
2. 门窗工程：普通门、防火门、普通窗、无障碍门联窗、百叶窗。
3. 幕墙：玻璃幕墙、金属与石材幕墙。
4. 外墙装修：外装修设计和做法见立面图、墙身节点详图及装饰构造做法表。
5. 化学建材：包括塑料管道、塑料门窗、防水密封材料及建筑涂料。

（二）材料统计的主要命令

1. 单击"视图"选项卡，在"创建"面板中单击"明细表"下拉菜单，选择"明细表/数量"，创建门明细表。

2. 单击"视图"选项卡，在"创建"面板中单击"明细表"下拉菜单，选择"材质提取"，添加材质名称，创建材质明细表。

（三）材料统计流程

材料统计流程：打开模型文件→创建门明细表→创建材质明细表。

<某法院门明细表>

A	B	C	D
类型标记	宽度	高度	合计
JFM1222	1200	2200	2
M0922	900	2200	9
M1022	1000	2200	22
M1222	1200	2200	7
M1522	1500	2200	3
M1524	1500	2400	3
MLC7535	1450	2825	2
WM1022	1000	2200	1

图 C-1-56　门明细表

进行材料统计

四、能力训练

（一）操作条件

××人民法庭办公楼的建施 01、02；Revit 软件。

（二）操作效果（图 C-1-56）

（三）操作过程（表 C-1-7）

表 C-1-7　材料统计的操作过程

序号	步骤	操作方法及说明
1	创建门明细表	（1）单击"视图"选项卡，在"创建"面板中单击"明细表"，在下拉菜单中选择"明细表/数量"，如图 C-1-57 所示。  图 C-1-57　"明细表/数量"按钮 （2）在打开的"新建明细表"窗口中，选择类别为"门"，即本明细表将统计项目中门的图元信息。修改明细表名称为"某法院门明细表"，确认明细表类型为"建筑构件明细表"，其他参数按默认设置，单击"确定"，如图 C-1-58 所示。 图 C-1-58　新建门明细表 （3）弹出"明细表属性"窗口，在"字段"选项卡中，"可用的字段"列表显示"门"这一对象类别中所有可以在明细表中显示的实例参数和类型参数。在列表中选择"类型标记"，单击"添加参数"，如图 C-1-59 所示。  图 C-1-59　添加"类型标记"

(续)

序号	步骤	操作方法及说明
1	创建门明细表	重复上述操作,依次将"宽度""高度""合计"添加到右侧"明细表字段"列表中。该列表中从上至下顺序反映了后期生成的明细表从左至右各列的显示顺序,如图C-1-60所示。 图 C-1-60　设置明细表字段 (4)单击"排序/成组"选项卡,设置"排序方式"为"类型标记",顺序为"升序",不勾选"逐项列举每个实例"选项,此时将按门的"类型标记"参数值在明细表中汇总显示已选字段,如图 C-1-61 所示。 图 C-1-61　设置明细表排序方式 (5)单击"外观"选项卡,确认勾选"网格线"选项,设置网格线样式为"细线"。勾选"轮廓"选项,设置轮廓线样式为"中粗线"。取消勾选"数据前的空行"选项,确认勾选"显示标题"和"显示页眉"选项,单击"确定",完成明细表外观设置,如图C-1-62所示。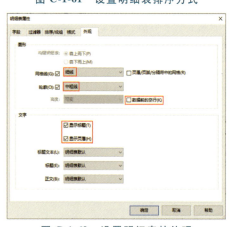 图 C-1-62　设置明细表的外观

(续)

序号	步骤	操作方法及说明	
1	创建门明细表	(6) Revit 软件自动按照指定字段建立名称为"某法院门明细表"的新明细表视图，并自动切换至该视图，还将自动切换至"修改明细表/数量"选项卡，如图 C-1-63 所示。	<某法院门明细表> | A | B | C | D | |---|---|---|---| | 类型标记 | 宽度 | 高度 | 合计 | | JFM1222 | 1200 | 2200 | 2 | | M0922 | 900 | 2200 | 9 | | M1022 | 1000 | 2200 | 22 | | M1222 | 1200 | 2200 | 7 | | M1522 | 1500 | 2200 | 3 | | M1524 | 1500 | 2400 | 3 | | MLC7535 | 1450 | 2825 | 2 | | WM1022 | 1000 | 2200 | 1 | 图 C-1-63 某法院门明细表
		(7) 如有需要，可继续在"属性"面板中进行相应修改设置，最终将"某法院门明细表"导出。单击"应用程序"→"导出"→"报告"→"明细表"，如图 C-1-64 所示。	 图 C-1-64 导出门明细表
		弹出"导出明细表"窗口，指定保存路径为"Desktop\案例工程\法院\明细表"，文件名为"某法院门明细表"，默认文件类型为".txt"格式。单击"确定"，关闭窗口，将"某法院门明细表"导出。	
		(8) 导出的明细表可以脱离 Revit 软件打开，可以利用 Office 软件进行后期的编辑修改。单击快速访问栏中的"保存"按钮，保存当前项目成果。	

（续）

序号	步骤	操作方法及说明
2	创建材质明细表	(1) 单击"视图"选项卡，在"创建"面板中单击"明细表"，在下拉菜单中选择"材质提取"，如图 C-1-65 所示。  图 C-1-65　选择"材质提取" (2) 在弹出的"新建材质提取"窗口中，单击"墙"类别，然后单击"确定"，如图 C-1-66 所示。 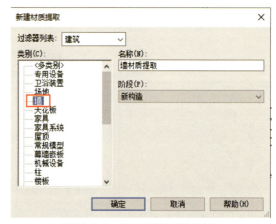 图 C-1-66　新建墙材质明细表 (3) 在打开的"材质提取属性"窗口中，分别添加"材质:名称""材质:标记""材质:体积""材质:面积"字段，如图 C-1-67 所示。  图 C-1-67　添加明细表字段

(续)

序号	步骤	操作方法及说明
2	创建材质明细表	（4）单击"确定"，生成墙材质提取表，如图 C-1-68 所示。 图 C-1-68　墙材质提取表

 问题情境一

在明细表视图中不能显示图像，如何返回图像显示模式？

操作方法：在明细表视图中，默认不显示图像文件。只有当明细表放置到图纸当中时，图像才会正常显示。如果想返回图像显示模式，则应单击"项目浏览器"中相应的视图，如图 C-1-69 所示。

 问题情境二

如何编辑明细表的表格样式？

操作方法：在实例"属性"面板中，单击"排序/成组"后的"编辑"按钮，弹出"明细表属性"窗口，勾选"总计"，如图 C-1-70 所示。

拖拽光标（或者按住<Shift>键）同时选择"宽度"与"高度"两列表头，单击"标题和页眉"面板中的"成组"，如图 C-1-71 所示。

成组后，原来的两个单元格合并成一个新的单元格，在新单元格中输入"洞口尺寸"，如图 C-1-72 所示。

选择类型标记表头，在"外观"面板中，单击"对齐垂直"下拉菜单中的"中部"，如图 C-1-73 所示。

按同样的方法将所有表头居中设置，完成后效果如图 C-1-74 所示。

在实例"属性"面板中，单击"格式"后的"编辑"按钮，在弹出的"明细表属性"窗口中，按住<Shift>键的同时选择"字段"列表中的所有关键字，设置"对齐"方式为"中心线"，如图 C-1-75 所示。

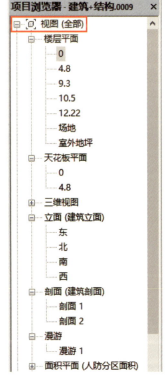

图 C-1-69　显示视图

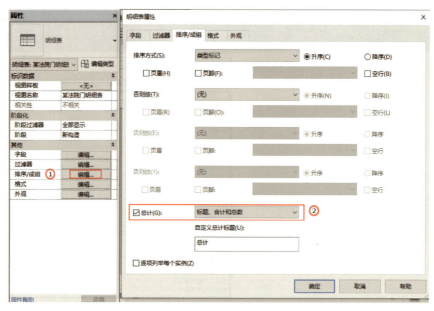

图 C-1-70 明细表属性

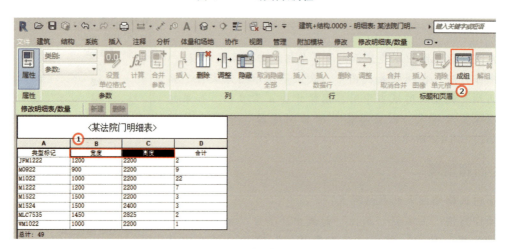

图 C-1-71 "成组"工具按钮

\<某法院门明细表\>			
A	B	C	D
	洞口尺寸		
类型标记	宽度	高度	合计
JFM1222	1200	2200	2
M0922	900	2200	9
M1022	1000	2200	22
M1222	1200	2200	7
M1522	1500	2200	3
M1524	1500	2400	3
MLC7535	1450	2825	2
WM1022	1000	2200	1
总计：49			

图 C-1-72 编辑表头（1）

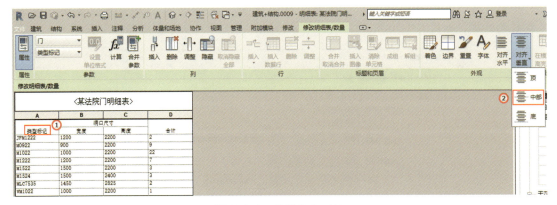

图 C-1-73 编辑表头（2）

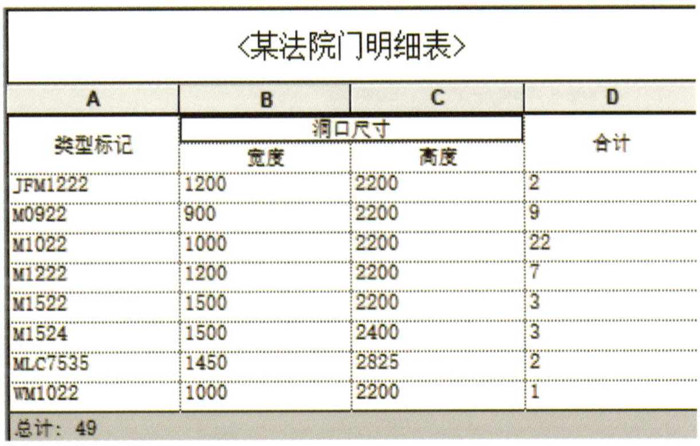

图 C-1-74 修改后的表头

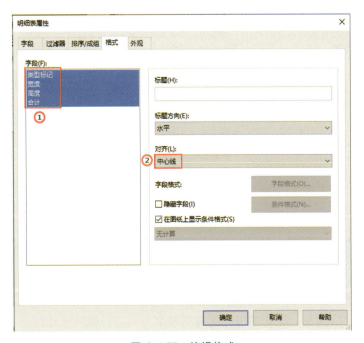

图 C-1-75 编辑格式

单击"外观"选项卡,设置"轮廓"为"细线",取消勾选"数据前的空行"选项,完成样式编辑,如图 C-1-76 所示。

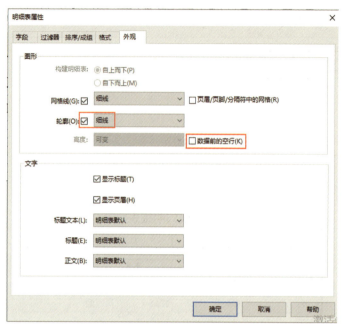

图 C-1-76 编辑外观

（四）学习结果评价（表 C-1-8）

表 C-1-8 材料统计学习结果评价表

序号	评价内容	评价标准	评价结果（是/否）
1	识读图纸中项目的用料说明和室内外装修等信息	能准确识读建筑的用料说明信息	□是　□否
		能准确识读建筑的门窗工程相关信息	□是　□否
		能准确识读建筑的幕墙、室外装修信息	□是　□否
		能准确识读建筑采用的化学建材相关信息	□是　□否
2	创建门窗明细表并编辑表格样式	能熟练运用"视图/明细表"工具创建门窗明细表并准确设置各项参数	□是　□否
		能熟练运用"属性"面板中的"编辑"命令调整明细表的格式和内容	□是　□否
3	对各种材料进行材质提取和统计	能熟练运用"创建"面板"明细表/材质提取"工具创建各种建筑材料的明细表	□是　□否
		能熟练运用"材料提取属性"工具设置明细表参数	□是　□否

五、课后作业

打开轨道实训楼的三维模型创建以下明细表：

1. 创建门窗明细表，表中应包含构件集类型、型号、宽度、高度及合计字段，并按构件集类型统计个数。

2. 创建墙、柱、楼板、栏杆等构件的材质明细表，进行材料统计。

最终结果以"轨道实训楼明细表"为文件名保存。

> **德育链接**
>
> ### BIM 应用于亚洲最大生活垃圾发电厂
>
> 　　上海老港再生能源利用中心是目前为止（截至 2022 年）亚洲地区最大的生活垃圾发电厂，应用 BIM 技术使其在设计过程中节约了 9 个月时间，并且通过对模型的深化设计，节约成本数百万，实现了节能减排、绿色环保的效果，响应了国家号召，真正实现了老港再生能源利用中心的存在价值。
>
> 　　**德育提示**：在日常工作与学习中，保持良好的生态理念。

职业能力 C-1-5　能正确完成建筑施工图输出

一、核心概念

1. 图纸视图：在图纸布局时，基于标准尺寸和格式而创建的视图，如选择 A4~A0 公制单位的标准图纸建立视图。

2. 视口：在图纸视图中显示图形的窗口。可以在图纸上设置多个视口，以显示不同的视图。

3. 导向轴网：在图纸上创建的新的轴网（方格网），用以帮助排列视图，以便在图纸内和不同的图纸之间对齐图元。

二、学习目标

1. 能正确进行图纸布图。

2. 能正确导出和打印图纸。

三、基本知识

（一）图纸信息

1. 该项目图纸包括：楼层平面图 4 张（一层、二层、三层、屋顶平面图），天花板平面图 2 张（一层、二层天花板平面图），立面图 4 张（东、南、西、北立面图），剖面图 2 张（1-1、2-2 剖面图），明细表若干。

2. 采用 A1 图纸布图和打印。

（二）施工图输出的主要命令

1. 图纸布图：单击"视图"选项卡，在"图纸组合"面板中单击"图纸"，创建新图纸视图；单击"视图"选项卡，在"图纸组合"面板中单击"视图"，将视图添加到图纸视图中。

2. 打印和导出图纸：单击"应用程序"按钮，单击"导出"→"CAD 格式"→"DWG"，将图纸导出并保存到指定的文件夹中。

（三）施工图输出的流程

施工图输出的流程：打开模型文件→创建新图纸视图→添加视图→导出图纸→打印。

四、能力训练

（一）操作条件

××人民法庭办公楼的建筑施工图；Revit 软件。

（二）操作效果（图 C-1-77）

图 C-1-77 打印输出图

完成施工
图输出

（三）操作过程（表 C-1-9）

表 C-1-9 施工图输出的操作过程

序号	步骤	操作方法及说明
1	图纸布图	（1）创建图纸视图。单击"视图"选项卡，在"图纸组合"面板中单击"图纸"，如图 C-1-78 所示。 在弹出的"新建图纸"窗口中单击"载入"，进入 Revit 族库文件夹，如图 C-1-79 所示。 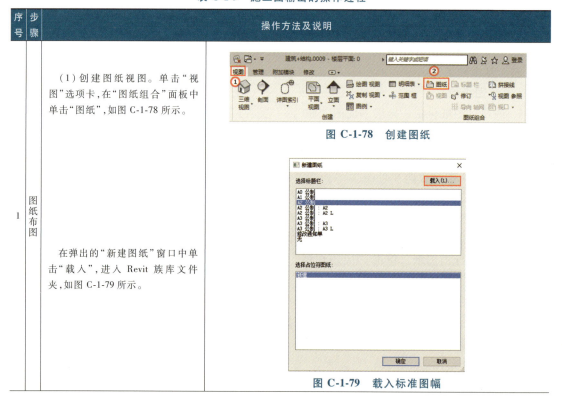图 C-1-78 创建图纸 图 C-1-79 载入标准图幅

（续）

序号	步骤	操作方法及说明
1	图纸布图	选择"标题栏"，单击"A0 公制"，将其载入到"新建图纸"窗口中，单击"确定"，以 A0 公制标题栏创建新图纸视图，如图 C-1-80 所示。  图 C-1-80　A0 公制标题栏 创建的新图纸视图在项目浏览器的"图纸(全部)"视图类别中。选择新图纸视图，如图 C-1-81 所示。  图 C-1-81　选择新图纸视图 右击，在弹出的快捷菜单中选择"重命名"，修改"数量"为"001"，修改"名称"为"法院图纸"，如图 C-1-82 所示。  图 C-1-82　重命名图纸视图

序号	步骤	操作方法及说明
1	图纸布图	（2）将项目中多个视图或明细表布置在一个图纸视图中。单击"视图"选项卡，在"图纸组合"面板中单击"视图"，如图 C-1-83 所示。  图 C-1-83　"视图"按钮 在弹出的"视图"窗口中列出了当前项目中所有的可用视图。选择"楼层平面:0"，单击"在图纸中添加视图"，如图 C-1-84 所示。  图 C-1-84　添加视图 默认给出"楼层平面:0"的摆放位置及视图范围预览，在"法院图纸"视图范围内选择合适位置放置该视图（在图纸中放置的视图称为"视口"），Revit 软件自动在视口底部添加视口标题，如图 C-1-85 所示。 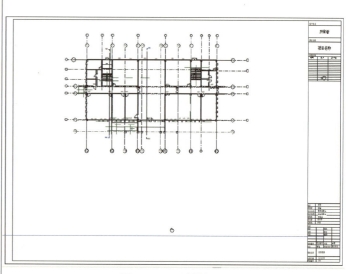 图 C-1-85　放置视图

(续)

序号	步骤	操作方法及说明
1	图纸布图	如果想修改视口标题样式，选择默认的视口标题，在"属性"面板中单击"编辑类型"，弹出"类型属性"窗口，修改类型参数"标题"为所使用的族即可，如图 C-1-86 所示。 图 C-1-86 修改视口标题样式 （3）除了修改视口标题样式外，还可修改视口的名称。选择刚放入的首层视口，在"属性"面板中"图纸上的标题"后，输入"一层平面图"，按<Enter>键确认，则视口标题由原来的"0"自动修改为"一层平面图"，如图 C-1-87 所示。  图 C-1-87 编辑视口名称

(续)

序号	步骤	操作方法及说明
1	图纸布图	(4)重复上述操作,将南立面图、门窗明细表等视图添加到图纸视图中,如图 C-1-88 所示。 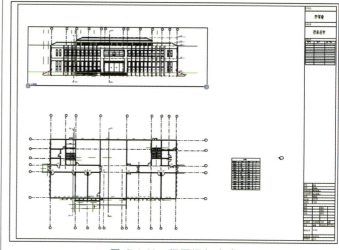 图 C-1-88　视图添加完成 (5)图纸中的视口创建完成后,单击"注释"选项卡,在"符号"面板中单击"符号"工具,如图 C-1-89 所示。  图 C-1-89　添加符号 单击"属性"面板的下拉类型选项中的"符号_指北针",在一层平面图右上角空白位置单击放置指北针符号,如图 C-1-90 所示。  图 C-1-90　选择指北针

(续)

序号	步骤	操作方法及说明
2	打印和导出图纸	（1）图纸布置完成后，可以将图纸导出，在实际项目中实现图纸共享。单击"应用程序"→"导出"→"CAD 格式"→"DWG"，如图 C-1-91 所示。 弹出"DWG 导出"窗口，无须修改，单击"下一步"按钮，关闭窗口，如图 C-1-92 所示。 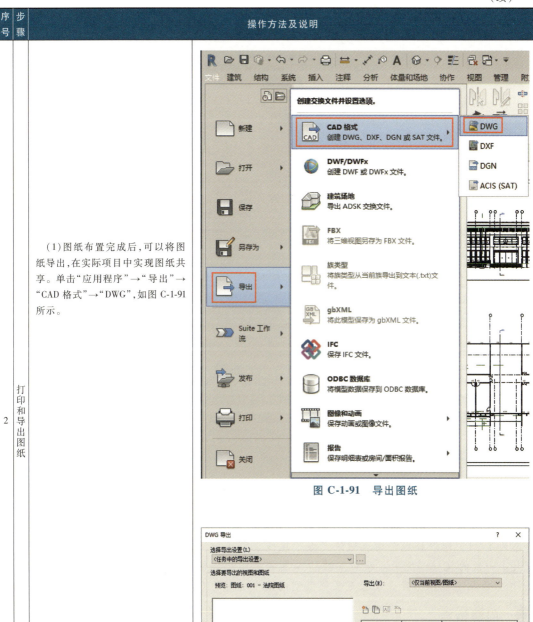 图 C-1-91　导出图纸 图 C-1-92　图纸导出设置

（续）

序号	步骤	操作方法及说明
2	打印和导出图纸	（2）弹出"导出 CAD 格式"窗口，指定存放路径为"Desktop\案例工程\法院\出图"，命名为"法院图纸"，默认文件类型为"AutoCAD 2018 DWG 文件（*.dwg）"，单击"确定"，关闭窗口，如图 C-1-93 所示。 注意：若勾选窗口中"将图纸上的视图和链接作为外部参照导出"，则导出的文件采用 AutoCAD 外部参照模式。 （3）导出的 DWG 文件可以脱离 Revit 软件打开，可以利用 CAD 看图软件或 AutoCAD 软件进行后期的看图及编辑修改。单击快速访问栏中的"保存"按钮，保存当前项目成果。 图 C-1-93　保存导出的图纸

 问题情境一

为什么导出 CAD 文件后的线型图案与 Revit 当中显示的不一致？例如，轴网本来是点划线，而导出后却变成了虚线。

操作方法：在 Revit 当中视图比例是 1∶100，而导出 CAD 文件后的模型空间所显示的状态为 1∶1，所以轴线会由点划线变成了虚线。解决方法是在 CAD 图纸空间绘制与所套图框大小一致的视口，使用"视口缩放"工具将视图比例调整为 1∶100，所有线型图案均与 Revit 中的状态显示一致；或者是在模型空间选中所有的 CAD 线段，将线型比例值调为 100。

 问题情境二

放置图纸时如何准确定位？

操作方法：新建一张图纸，单击"视图"选项卡，在"图纸组合"面板中单击"导向轴网"，如图 C-1-94 所示。

图 C-1-94　"导向 轴网"按钮

在弹出的"指定导向轴网"窗口中,选择"创建新轴网"选项,然后输入"名称"为"轴线定位",单击"确定",如图 C-1-95 所示。

添加"楼层平面:0"视图至当前图纸中,移动视图,将视图中的轴线与导向轴网的辅助线对齐,如图 C-1-96 所示。

添加"立面:4 南立面"视图至当前图纸中,参照导向轴网移动视图,将其与首层平面图对齐,如图 C-1-97 所示。

图 C-1-95　创建新轴网

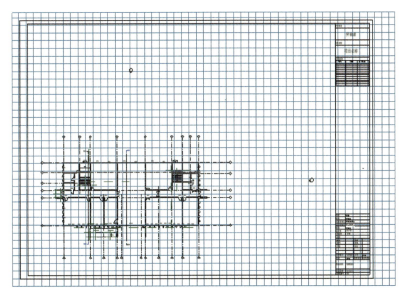

图 C-1-96　对齐导向轴网辅助线

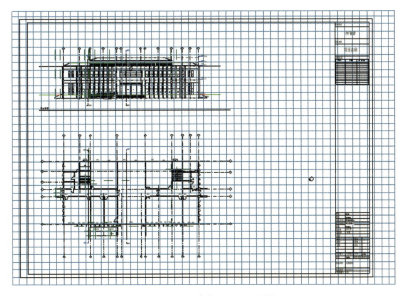

图 C-1-97　对齐平、立面图

在"项目浏览器"中,选择相应图纸进行重命名,输入"编号"为"建施-01","名称"为"平、立面图"。

修改视图名称,将导向轴网删除或隐藏,查看最终效果。

(四)学习结果评价(表 C-1-10)

表 C-1-10　施工图输出学习结果评价表

序号	评价内容	评价标准	评价结果(是/否)
1	图纸布图	能正确创建图纸视图	□是　□否
		能将多个视图或明细表布置在一个图纸视图中	□是　□否
		能正确修改视口标题样式和视口的名称	□是　□否
		能熟练运用"注释"选项卡绘制各种符号	□是　□否
2	打印和导出图纸	能正确导出图纸	□是　□否
		能熟练运用 CAD 看图软件或 AutoCAD 软件进行后期的看图及编辑修改	□是　□否

五、课后作业

打开轨道实训楼的三维模型,建立 A0 尺寸图纸,根据给定的平面图创建南立面图、北立面图、东立面图、西立面图,将 4 个立面图分别插入并导出图纸,最终结果以"轨道实训楼立面图"为文件名保存。

> **德育链接**
>
> ### BIM 应用于上海中心
>
> 总高为 632m 的摩天大楼上海中心大厦是中国第一高楼(至今建成的),也是上海十大新地标之一。上海中心大厦项目是以 AutoCAD 为主进行出图,以 Autodesk Revit 软件为建模基本手段,并使用 Autodesk Navisworks 和 Autodesk Ecotect 进行碰撞检测和 CFT 模拟,使之互相衔接,从而实现高效率出图,减少返工、节省材料。BIM 在世界各国广泛应用,我国作为世界大型经济体,需求与发展日新月异。从中央到地方的政策支持,加大了 BIM 的推广与发展速度,我国的 BIM 应用实例也越来越多,不只是国人,更吸引了越来越多来自国际上的关注。未来,我们更加坚信,BIM 技术在中国的发展必会枝繁叶茂,为促进建筑行业信息化的深层次变革提供强大助力。
>
> **德育提示:**生活中,积极接触新技术,增强民族自信心。

参 考 文 献

［1］ 徐国庆. 职业教育项目课程：原理与开发［M］. 上海：华东师范大学出版社，2016.
［2］ 胡鹏，杨惠源，易进翔. "课程思政"理念融入工程管理专业教学的路径研究［J］，山西建筑，2022，48（5）：176-180.